《石嘴山市地下水资源开发利用条件及综合保护研究》编委会

主 编

薛忠歧 韩强强

编 委

李金花 闫中永 段 佳 段晓龙 徐兆祥

李洪波 吴 平 李 英 任光远 孙玉芳

石嘴山市地下水资源开发利用条件及综合保护研究

薛忠歧　韩强强 / 主编

黄河出版传媒集团
阳　光　出　版　社

图书在版编目（CIP）数据

石嘴山市地下水资源开发利用条件及综合保护研究 / 薛忠歧, 韩强强主编. -- 银川 : 阳光出版社, 2019.10
ISBN 978-7-5525-5080-1

Ⅰ. ①石… Ⅱ. ①薛… ②韩… Ⅲ. ①地下水资源－水资源利用－研究－石嘴山②地下水资源－资源保护－研究－石嘴山 Ⅳ. ①P641.8

中国版本图书馆CIP数据核字(2019)第263811号

石嘴山市地下水资源
开发利用条件及综合保护研究　　薛忠歧　韩强强　主编

责任编辑　胡　鹏
封面设计　晨　皓
责任印制　岳建宁

黄河出版传媒集团
阳光出版社　出版发行

出 版 人　薛文斌
地　　址　宁夏银川市北京东路139号出版大厦（750001）
网　　址　http://www.ygchbs.com
网上书店　http://shop129132959.taobao.com
电子信箱　yangguangchubanshe@163.com
邮购电话　0951-5014139
经　　销　全国新华书店
印刷装订　宁夏凤鸣彩印广告有限公司
印刷委托书号　（宁）0015432

开　　本　720mm×980mm　1/32
印　　张　3.75
字　　数　100千字
版　　次　2019年12月第1版
印　　次　2019年12月第1次印刷
书　　号　ISBN 978-7-5525-5080-1
定　　价　45.00元

宁夏水文地质环境地质勘察创新团队简介

“宁夏水文地质环境地质勘察创新团队”（以下简称“团队”），是由宁夏回族自治区人民政府于2014年8月2日批准成立。专业从事水文地质调查、供水勘察示范、环境地质调查、地质灾害调查、地热资源勘查、矿山环境治理等领域研究，通过不断加强科技创新能力建设，广泛开展政产学研用结合，攻坚克难，在勘查找水、水资源评价、生态环境调查评价与环境评估治理等方面取得了一系列重大成果。团队集中了宁夏地质局系统60余位水工环领域科技骨干，依托地质局院士工作站、博士后科研工作站、中国地质大学（北京、武汉）产学研基地以及“五大业务中心”等科研平台，结合物化探、实验检测、高分遥感测绘等新技术新方法，较系统地开展了区内外水文地质环境地质勘察领域科技攻关，累计承担国家和宁夏回族自治区各类科技攻关项目30项，获得国家和宁夏回族自治区各类奖励8项，发表科技论文126篇，出版专著8部。经过几年来的努力发展，团队建设日益完善，已形成以团队带头人为核心，以专家为指导，以水工环地质领军人才为主体的综合优秀团队，引领宁夏回族自治区水文地质环境地质工作健康蓬勃发展，持续为宁夏回族自治区民生建设、生态环境建设、城市及重大工程建设、防灾减灾，环境治理与保护提供着有力的科技支撑与资源保障。

前　言

本书以地下水系统理论为指导，综合运用水文地质学、水文地球化学、地下水动力学以及相关的数学方法等理论方法，在充分分析地质条件的基础上，对石嘴山市平原区地下水的储存条件、补径排特征、水资源量及水质进行研究，提出水资源区划，指导地下水的合理开发利用，进行地下水资源保护，对积极创建节水型社会，保证水环境的良性循环，促进水资源的合理开发利用具有重要的意义。

通过研究发现：石嘴山市平原区地下水类型可分为三大类型，即松散岩类孔隙水、碎屑岩类孔隙裂隙水、基岩裂隙水，其中松散岩类孔隙水分布广、埋藏浅、开采方便，是最具供水意义的地下水。松散岩类孔隙水补给源主要为引黄灌溉入渗、大气降水入渗、侧向径流、黄河水入渗、地下水灌溉回渗等补给，补给源稳定，在贺兰山东麓及石嘴山盆地等区域，地下水储存于砂卵砾石层中，水量大水质优，为城市供水提供了优质水源；分布在广大冲洪积、冲湖积平原区多层结构的地下水，赋存于冲洪积、冲湖积平原多层结构含水层中，第Ⅱ、第Ⅲ含水岩组地下水埋藏深，不易受污染，大部分地区水质好，作为城市供水水源或后备及应急供水水源；第Ⅰ含水岩组地下水埋藏浅，开发利用方便，可用于灌溉及其他用途。

研究表明：石嘴山市平原区地下水天然补给资源量5.3亿m^3/a，其中，大武口区天然补给资源量0.6251亿m^3/a，惠农区天然补给资源量1.3446亿m^3/a，平罗县天然补给资源量3.3325亿m^3/a。天然补给资源量溶解性总固体小于 1 g/L 的资源量 2.3749 亿 m^3/a，占补给资源量的 44.8 %。地下水天然补给资源计算结果：利用水均衡法计算了石嘴山市平原区（包括冲洪积平原、冲湖积平原、石嘴山盆地）第Ⅰ含水岩组天然补给资源量与排泄量，天然补给资源量为 4.93 亿 m^3/a，排泄量为 4.97 亿 m^3/a，均衡差–0.04 亿 m^3/a，为负均衡，基本处于平衡状态。对于环境保护，生态平衡具有积极的作用。

通过研究从水资源的保护和可持续利用角度，充分考虑水资源特征、水质、开发利用方向，将石嘴山市地下水划分为水资源涵养区、城镇生活—工业供水地下水开采区、开发雨洪水—地下水生态保护区、湿地保护区、井渠灌溉区、改水区。为地下水资源分区规划、合理利用、重点保护提供了基础数据，对水资源的开发利用提供指导。

本书以 “石嘴山市地下水资源勘查”项目成果为依托，在撰写过程中受到了“长安大学旱区地下水文与生态效应创新团队”和“宁夏水文地质环境地质勘察创新团队”的共同指导，由宁夏高层次科技创新领军人才项目（KJT2018002）资助完成。

由于编写时间紧迫，作者水平有限，书中难免存在不妥之处，敬请广大读者批评指正。

编　者

2019 年 3 月

目　录

第 1 章　研究区概况

1.1　自然地理

1.1.1　地理位置

石嘴山市位于宁夏回族自治区北部，介于东经 105°58′ ~ 106°39′，北纬 38°21′ ~ 39°25′之间。东靠黄河与鄂尔多斯台地为邻、南连宁夏回族自治区首府银川市，西倚贺兰山与内蒙古阿拉善盟隔山相望，北依黄河与内蒙古乌海市相邻，是一座崛起于山水之间的新兴工业城市，是宁夏回族自治区的第二大城市。石嘴山市面积 5310 km^2，占宁夏回族自治区总面积 8.0 %。现辖大武口区、惠农区和平罗县，市政府驻大武口区，市区面积 529 km^2，占全市面积的 10.2%，其中建成区 46 km^2。

研究区为石嘴山市平原区与台地区，包括石嘴山盆地、石嘴山台地、黄河平原、陶乐台地区。

1.1.2　气象水文

1. 气象

(1) 降水量

石嘴山市地处我国西北内陆，属中温带干旱气候区，降水稀少，根据石嘴山市各气象站多年观测资料，多年平均降水量 183.25 mm，降水高值区在西部贺兰山区，降水量在 300 mm以上，降水量自西向东递减至黄河右岸陶乐台地不足 200 mm，年内降水主要集中在 6~9 月，占全年总降水量 73.3 %，年际变化大，近 20 年来，最大降水量 218.78 mm（2006 年），最小降水量 117.7 mm（2011 年）（见表 1–1、图 1–1）。

(2) 蒸发量

石嘴山市多年平均蒸发量变化在 1300 ~ 2100 mm之间。蒸发量变化趋势与降水量相反。黄河右岸的陶乐台地干旱少雨，蒸发强烈，引黄灌区受灌溉影响，湿度增大，年水面蒸发量相应较小，蒸发量年内最大值出现在 5~7 月份、最小值出现在 1 月、12 月。蒸发量年际变化较小（见图 1–2、图 1–3）。

多年平均气温 9.7 ℃，风力春季较强，夏季较弱，冬天多为西北风。区内最大冻土深度 1.18 m。其特点是四季分明，干旱少雨，蒸发强烈，空气干燥，光照充足，太阳辐射强烈，光照时数长。灾害性天气主要是霜冻、暴雨、冰雹、山洪、大风、沙尘暴及寒潮。

2. 水文

石嘴山市位于灌区北部，属于青铜峡引黄灌区的一部分。黄河自南而北流经石嘴山市，由平罗县高仁镇进入石嘴山，至石嘴山头道坎以下麻黄沟流出，全长 98 km，进入石嘴山多年平均实测流量 998 m^3/s，含沙量 3.12 kg/m^3，为石嘴山的主要灌溉水源；其中主要引黄干渠有两条，唐徕渠、惠农渠；支干渠四条，第二农场渠、昌润渠、滂渠、官泗渠，另有黄河东部陶乐扬黄河水灌区。

石嘴山市主要排水沟有第三排水沟、第五排水沟、第六排水沟以及陶乐排水系统。

表 1-1 石嘴山市各气象站多年逐月平均气象要素统计表

站名	项目	月份											
		1	2	3	4	5	6	7	8	9	10	11	12
大武口	气温 / ℃	−7.87	−2.43	4.56	12.71	18.91	23.63	25.24	22.88	16.76	9.92	1.36	−6.10
	降雨量 / mm	2.83	1.82	1.48	2.76	17.13	29.79	44.40	30.38	31.29	5.96	4.02	1.66
	蒸发量 / mm	36.71	69.32	158.25	155.63	195.37	194.73	189.32	152.50	96.37	79.27	65.62	32.68
惠农	气温 /℃	−7.67	−2.63	3.96	12.05	18.23	22.89	24.83	22.72	16.98	10.15	1.43	−5.72
	降雨量 / mm	1.30	1.96	1.68	4.30	20.03	29.02	40.83	30.09	29.88	6.55	4.51	0.33
	蒸发量 / mm	42.72	74.75	172.56	180.23	220.34	214.03	217.15	182.01	122.42	102.45	75.23	45.43
平罗	气温 / ℃	−11.4	−5.1	1.1	8.3	15.4	20.7	24.1	23.7	20.2	13.3	6.2	−1.5
	降雨量 /mm	1.9	1.4	2.0	4.6	21.8	35.5	37.2	31.9	31.4	7.6	3.4	1.2
	蒸发量 /mm	30.9	56.8	132.6	213.2	263.6	262.5	252.7	216.8	136.7	105.7	53.5	28.0
陶乐	气温 / ℃	−8.35	−3.11	3.59	11.85	18.24	22.78	24.57	22.55	16.87	9.84	0.73	−6.6
	降雨量 / mm	1.19	1.26	3.46	5.21	22.05	30.93	40.83	36.10	29.08	7.21	3.76	1.13
	蒸发量 / mm	28.57	54.20	119.21	136.17	175.20	172.99	172.52	142.56	97.82	75.48	47.90	23.32

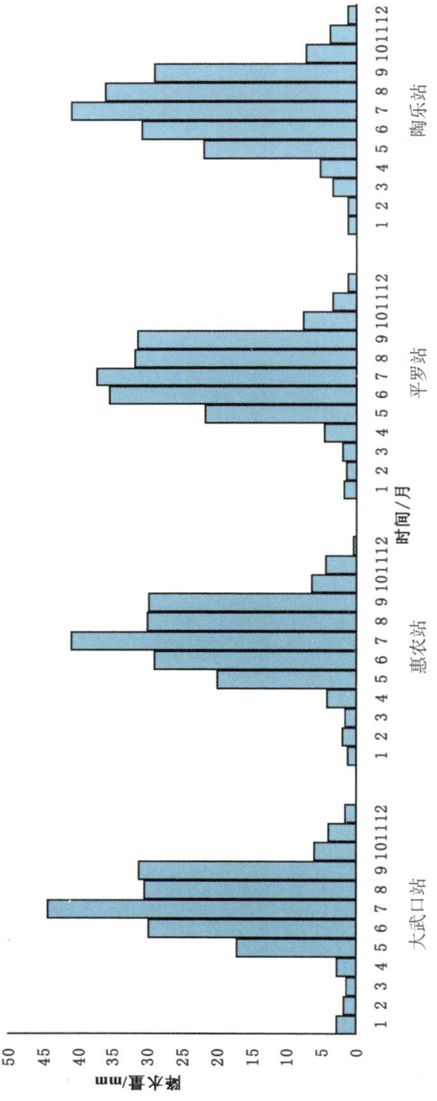

图 1-1　石嘴山市各气象站多年逐月平均降水量直方图

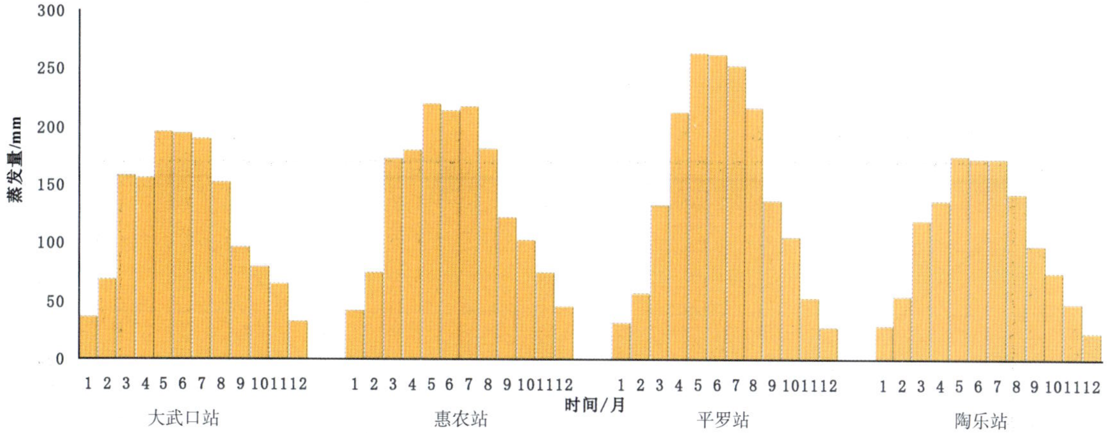

图 1-2　石嘴山市各气象站多年逐月平均蒸发量直方图

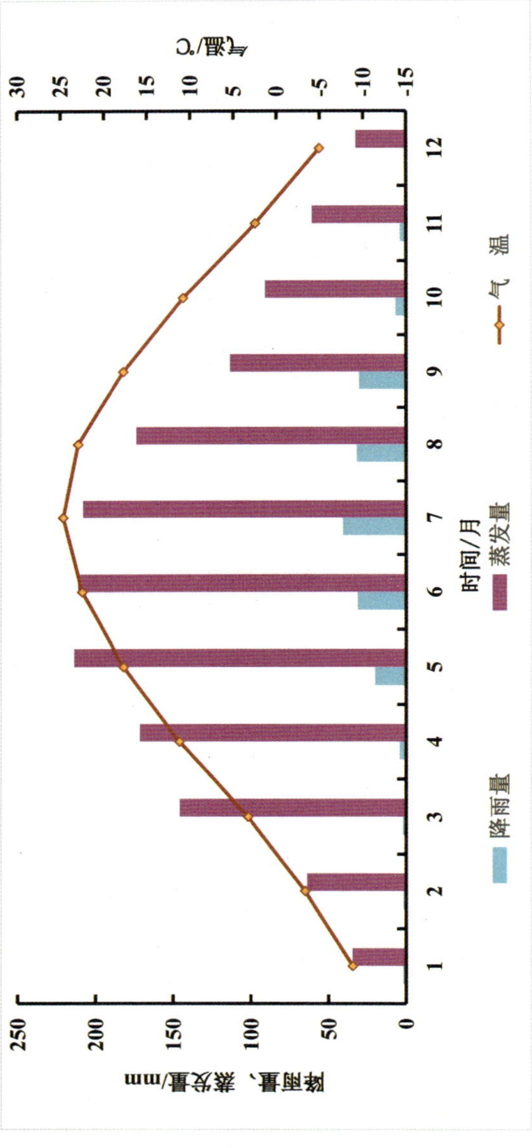

图 1-3　石嘴山市各气象站多年逐月平均气象要素图

1.2　地形地貌

研究区地形东西高，中间低，按地貌成因、形态可划分为构造剥蚀地形、堆积剥蚀地形、堆积地形、风积地形。

1. 构造剥蚀地形（Ⅰ）

由地壳构造运动和外力剥蚀作用下形成的，分布在石嘴山市惠农区，按其起伏形态分为丘状准平原、平缓准平原。

(1) 丘状准平原（$Ⅰ_1$）

海拔高程 1078~1130 m，相对高差 20~50 m，岩性由石炭、二叠系地层组成，地势呈北东 30° 展布，山丘平缓矮小，其地表碎石广布。由于采煤，采空区坍塌，破坏了原地貌形态。

(2) 平缓准平原（$Ⅰ_2$）

海拔高程 1112~1130 m，相对高差小于 10 m，地势由北西向南东倾斜，坡度小于 1.2 %，岩性由二叠系砂岩和泥岩组成，地面平坦，冲沟发育。

2. 堆积剥蚀地形（Ⅱ）

按其成因、形态分为洪积斜平原、冲洪积平原。

(1) 山前洪积斜平原（$Ⅱ_1$）

由洪积层组成近南北带状，展布于贺兰山东麓。伴随着盆地中心间歇性升降，在山前形成了由洪积扇组成的倾斜平原。按组成物的时代和微地貌形态，划分为老洪积扇（$Ⅱ_{1-1}$）、新洪积扇（$Ⅱ_{1-2}$）。

老洪积扇（$Ⅱ_{1-1}$）：广泛分布于贺兰山前地带，由上更新统洪积物组成，海拔 1095~1450 m，扇面坡度 1 %~3 %向山前倾斜，是构成山前洪积斜平原的主体。

新洪积扇（$Ⅱ_{1-2}$）：多沿近山地带的沟谷两侧和老洪积扇的边缘呈扇裙分布，由全新统洪积物组成，海拔 1132~1400 m，地面向东倾斜，且坎坷不平，植被稀少。

(2) 冲洪积平原（$Ⅱ_{2}$）

呈带状分布于惠农区北部与陶乐地区，由全新统冲洪积物组成，阶面平坦，大部为沙丘覆盖。

3. 堆积地形（Ⅲ）

该地区受周边构造控制，第四系以来处于沉降状态，地势为全区最低，地形极为平坦，为主要的农业生产基地。分布于黄河两侧广大河湖积平原区，包括黄河一级阶地（$Ⅲ_{1}$）、二级阶地（$Ⅲ_{2}$）、低平碱滩地（$Ⅲ_{3}$）、扇前河湖积洼地（$Ⅲ_{4}$）、河漫滩（$Ⅲ_{5}$）。海拔高程 1039~1105 m，由全新统河湖积和冲积物组成，地面低平，湖泊遍布，部分地区盐渍化程度较为严重。

4. 风积地形（Ⅳ）

分为活动沙丘与半固定沙丘。

活动沙丘（$Ⅳ_{1}$）：主要分布于五堆子—高仁镇一带，多以活动的新月形和垄岗沙丘出现，其长轴为北东向，沙丘西北坡平缓，南东坡陡峻。沙丘一般高 3~5 m，个别高 10~20 m，主要由细砂组成，地势波浪起伏，因活动性强，植被稀疏。

固定半固定沙丘（$Ⅳ_{2}$）：主要分布于五堆子—高仁镇一带，分布范围小，形成区内固定半固定草丛沙丘，其形态似馒头，高 1~3 m，呈单个不连续状态，沙丘之间为平铺沙地，地形较为平坦，表面覆盖植物主要为耐旱的白刺等。

1.3 地质条件

1.3.1 地层

研究区属晋冀鲁豫地层区，华北西缘地层分区银川地层小区，银川小区为新生代断陷盆地，古近系、新近系、第四系发育良好。第四系发育厚度达1600 m以上，古近系、新近系可见厚度达2000~2500 m，地层产状平缓。研究区内第四系广泛分布，前第四系仅在石嘴山台地有少量分布，出露地层有石炭系、二叠系和新近系。现由老到新概述如下：

1. 石炭系（C）

在石嘴山台地区仅见上石炭统太原组（C_2P_1t）的小块出露。岩性分为上下两层，下部以中粗粒石英砂岩、灰色页岩为主夹煤层，上部由灰黑色页岩、粉砂质页岩与细粒、中细粒砂岩组成。属海陆交互相含煤沉积，总厚度180~190 m。

2. 二叠系（P）

（1）二叠系中统石盒子组下段（P_2x）

零星出露于石嘴山台地区，为灰绿、灰黑色砂质泥（页）岩、砂岩、粉砂岩夹煤线，属河湖相沉积，总厚度107~465 m。与太原组整合接触。

（2）二叠系中统石盒子组上段（$P_{2-3}s$）

出露于石嘴山台地区，为杂色砂质泥（页）岩，含长石石英砂岩、夹粗砂岩，往顶部几乎变为红色，属河湖相沉积，与石盒子下段呈整合接触。

（3）二叠系上统石千峰组（P_3s）

出露于石嘴山台地区，以紫红色为主，杂以灰绿、灰白色砂质泥

（页）岩与长石细－粗砂岩、石英砂岩互层，为河湖相沉积，厚度139~598 m，与石盒子组上段呈整合接触。

3. 新近系（N）

零星分布于石嘴山台地与陶乐台地区，主要为一套橙红色、棕红色泥岩、砂岩、砾岩、砂砾岩。

4. 第四系（Q）

广泛分布于黄河平原地区，成因类型多样，沉积厚度逾千米。本次研究区位于银川平原北部，属银川平原一部分。银川平原是一个新生代断陷盆地，盆地在横剖面上呈地堑式的断阶状下落，最深部位大体位于平罗—姚伏—银川一线，在纵剖面上由平罗向北和由永宁向南又呈断阶状抬升，整个盆地为一东缓西陡的向斜盆地。本研究区平罗—姚伏一带第四系厚度超过1400 m，向盆地边缘沉积厚度迅速变薄（见图1–4）。在石嘴山市惠农区—石嘴山火车站一带第四系厚度小于20 m，有些地方基岩出露，向北至石嘴山盆地，第四系增厚，超过130 m。

石嘴山市黄河平原第四系沉积物以冲积、冲湖积、洪积为主，其次为冲洪积物、风积物、湖沼沉积物。洪积物在贺兰山前最为发育，由大小不等的洪积扇组成山前洪积倾斜平原，在其前缘有一条较为明显的以黏砂土、砂黏土、黏土为主的“细粒带”（见图1–4），向下逐渐过渡为中细砂、粉砂夹黏性土。按时代分布、成因类型简述如下：

（1）下更新统（Qp^1）沉积物有冲湖积、洪积

主要分布在黄河平原下部，埋深在190 m以下，由灰褐色、灰黑色细砂夹灰白、灰褐、棕褐色黏性土与灰褐色卵砾石及砂砾石组成，平原北部岩性以粉细砂为主，黏性土层数增加，局部含有腐殖质或泥质砾石（泥砾），为一套河湖相沉积。

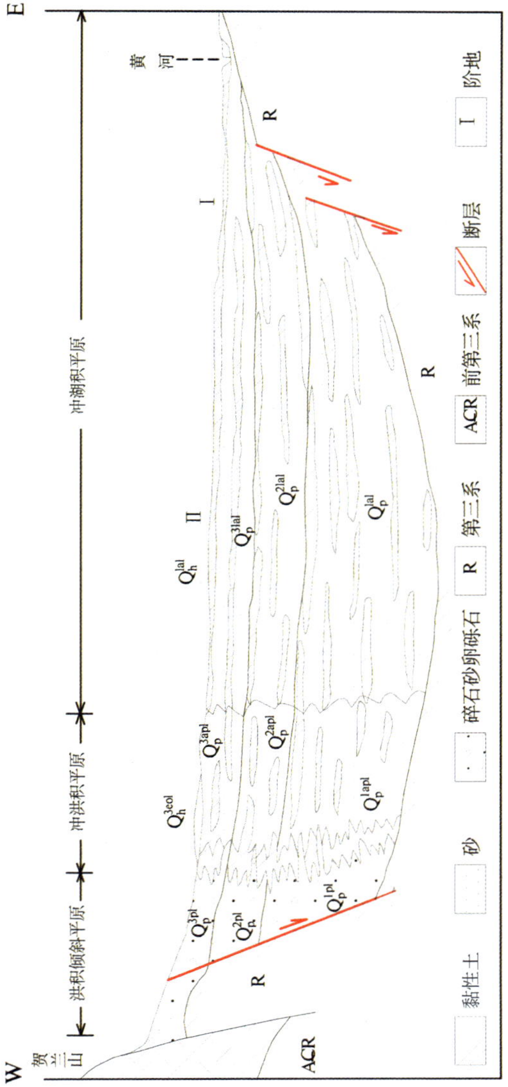

图 1-4　黄河平原第四系结构示意图

（2）中更新统（Qp^2）沉积有冲湖积、冲积、洪积

分布于平原下部埋深 80~120 m，厚度 70~100 m，由灰色、灰黑色及褐灰色细砂夹灰白、棕灰、灰色黏性土，部分细砂中含泥砾，含较多的植物残体和腐殖质，为一套河湖相沉积。

（3）上更新统（Qp^3）沉积有冲湖积、冲洪积、洪积

分布在平原下部埋深 2~30 m，厚度 60~120 m，为一套河湖相沉积。上更新统下段洪积层分布在贺兰山东麓洪积斜平原，在近山地带有零星出露，中部和前缘埋深 60~90 m，岩性为块石、漂砾、砂砾石、砂、黏质砂土，自西向东颗粒逐渐变细。上更新统上段洪积层分布在贺兰山东麓，构成山前洪积斜平原的主体，自扇顶至前缘，颗粒由粗变细，粗粒带为块石、漂砾及砂砾石、砾石，呈次棱角－次圆状，分选性差，中间过渡为砂砾石夹含砾细砂，前缘细粒带为黏砂土或砂黏土夹层。

（4）全新统（Qh）沉积分布类型较多有冲积、洪积、湖积、风积、冲洪积、冲湖积等

广泛分布于平原二级阶地上，为一套河湖相沉积，岩性由北而南颗粒变粗，以细砂与黏性土为主。全新统下段冲洪积层，主要分布在平原东部边缘，岩性为粉细砂、黏性土、夹砾石，厚度小于 20 m；全新统下段冲湖积层，分布于平原一级阶地上，岩性为粉细砂、细砂、黏性土，厚度小于 15 m；全新统下段洪积层，零星分布在贺兰山山前倾斜平原，岩性为块石、砂砾石夹黏性土，厚度小于 5 m；全新统上段湖积层，分布在平原一、二级阶地上，岩性以粉细砂、黏性土为主，厚度小于 3 m；全新统上段冲积层，分布在黄河河床和河漫滩中，岩性为砂砾石、粉细砂夹黏性土，厚度小于 10 m；全新统上段风积层，主要分布于陶乐东部、沙湖南部等地，岩性为中细砂和粉细砂，

最大厚度 20~30 m。

1.3.2　构造

石嘴山市黄河平原位于鄂尔多斯地块西缘，东边以黄河断裂与鄂尔多斯地块相接，西边以贺兰山东麓断裂带与山体过渡相连。平原中断裂发育，基底构造复杂，新生代沉积厚度大。

1. 断裂

在石嘴山黄河平原区发育了一系列断裂，根据断裂空间分布位置和断裂性质，可分为顺盆地纵向延伸的 NNE—NE 向断裂与横向延伸的 NW—EW 向断裂（见图 1-5）。

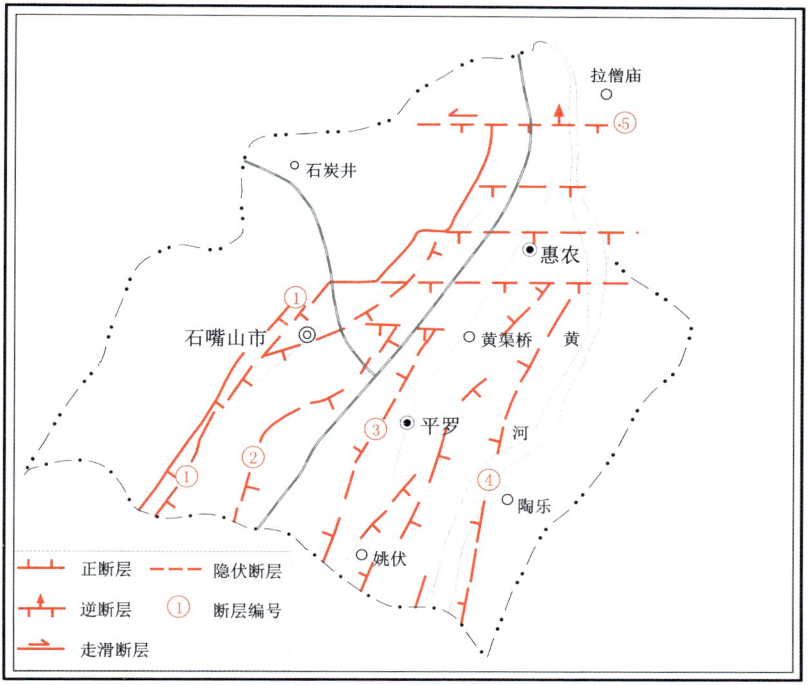

图 1-5　石嘴山市平原区构造示意图

（1）纵向 NNE-NE 向断裂

该组断裂是石嘴山盆地中发育最好的，断层面向盆地中心陡倾，致使盆地呈“阶梯”状断陷，断层性质属拉张正断层兼右旋剪切走滑构造。下面自西而东选择有代表性的控制性断裂叙述如下：

①贺兰山东麓断裂带

该断裂带是第四系银川盆地的西部边界，北起石嘴山西，南止于银川头关，长 130 km，总体走向 NNE，倾向南东，倾角 60° 以上，为一系列右旋走滑正断层组成的断裂带，断层东侧是山前洪积斜平原，西侧是高耸的贺兰山，相对高差为 2000~2400 m，山体断层三角面或洪积扇上断层陡坎发育较好，并且错断明代长城，表明该断层带第四系以来直到近代仍在活动。

②芦花台断裂

北起平罗火车站，南到银川洪沟，延伸长度 73 km，为一条 NE 向东倾的正断层，倾角 51° ~78° ，最大断距 5965 m，中部断距大，向南北两端变小。

③银川断裂

该断裂北起黄渠桥南到永宁，延伸长度 85 km，为一条走向 NNE 向西倾的隐伏正断层，倾角 45° ~77° ，最大断距 3220 m，断距由南向北变小。

④黄河断裂

该断层控制银川盆地东部边界，北起石嘴山经陶乐至灵武南，全长 130 km，走向 NNE，断面上陡下缓，倾角 49° ~66° ，倾向 NWW，为一正断层，切割第三系，断距在陶乐附近 800 m，石嘴山地区仅 300 m。

（2）横向 EW 向断裂

主要分布于平原北部，规模最大的是石嘴山以北的正谊关断裂，它横切贺兰山，向东延伸过黄河到拉僧庙，呈隐伏状；错断了沿线分布的第三系地层，现代活动以挤压兼左旋走滑为主，较之 NNE 向断裂，它的活动强度较弱。另外在黄渠桥至惠农区之间有三条南倾东西向隐伏断裂，直接控制着盆地基底。

2. 基底构造

石嘴山市平原在构造上，属银川断陷盆地的中北部，东侧为桌子山—云雾山隆起带，西侧为贺兰山隆起带。其基底岩层在黄渠桥以北为石炭、二叠系，以南为奥陶系或更老岩层，其上覆有 4500~5500 m 的第三系、第四系组成的新生代地层。沉降中心在银川—平罗一线。据资料记载，该断陷盆地的形成，始于第三系始新统，是喜马拉雅运动和新构造运动的产物。在构造形态上，为一 NE30° 延伸的地堑式断阶状下落的宽缓较斜，构造轴部深陷部位在银川金凤区，向北延至平罗、黄渠桥一线，其西翼陡，倾角 10° 左右，东翼缓倾角 3° 左右（见图 1–6）。该断陷构造形迹的基本特征是多种构造体系和构造应力作用方式的综合产物，盆地构造本身及其内部主要构造形迹的形成和分布规律，主要受来自 NW—SE 方向的拉张和张扭应力作用影响。

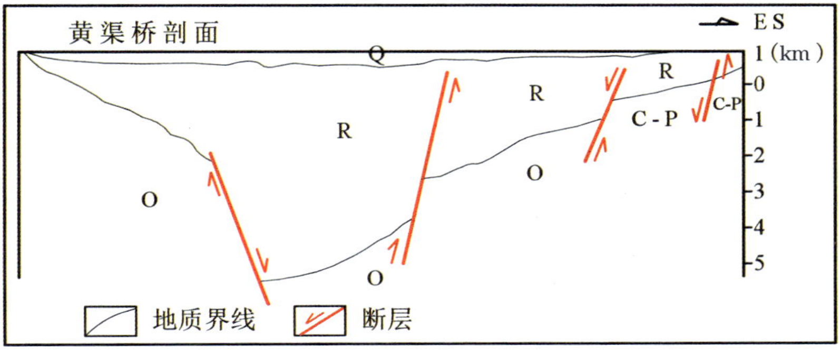

图 1–6　黄河平原基底形态示意图

1.4 古河道

新生代以来银川平原受新构造运动影响，一直处于沉降状态，直到第四系早更新世中期，银川盆地仍处于封闭状态，此时沉降中心位于银川中部，中间可能有河流相通。直至早更新世末期或中更新世初期，黄河切穿青铜峡和石嘴山成为外流河。中更新世黄河古河道可能仍沿着银川中部沉降中心发育，河面比较宽广。自全新世起，银川平原经历了第四系期间迄今为止最后一次较大规模的构造运动，致使平原区的古黄河形成。全新世早期黄河游移在现今的银川市金凤区—石嘴山市大武口区明水湖农场—石嘴山市惠农区西河桥一线以东，银川市灵武市—石嘴山市平罗县高仁镇—石嘴山市平罗县红崖子乡五堆子村一线以西广大地区，构成银川平原主体。本地区有黄河遗留下的二级阶地，沿吴忠市青铜峡市蒋顶乡—银川市永宁县增岗乡—银川市金凤区五里台村—石嘴山市平罗县头闸镇西大湖—石嘴山市大武口区明水湖呈线状分布的洼地和湖泊，可能是黄河故道（见图 1-7）。全新世中期黄河流经二级阶地分布地方，在银川市兴庆区掌政镇孙家大湖至银川市兴庆区通贵镇和银川市贺兰县立岗镇一线分布的洼地和湖泊可能是黄河故道；全新世晚期随着新构造运动使贺兰山抬升，黄河不断向东发展，受盆地东缘黄河断裂东侧第三系隆起带阻挡，形成现代黄河，并有向东移动的趋势。由于贺兰山强烈隆升，带动银川平原作掀斜式运动，迫使黄河逐渐东移，在向东移过程中有时亦可向西摆动，在黄河东岸留下了两级阶地；由现代黄河岸边侵蚀也可以看出东西两岸都有堆积岸，但总的趋势是西岸大于东岸。在古黄河演变至现代黄河的过程中，所遗留古河道，特别是全新世沉积期古河道，为赋存淡水资源提供了有利条件。

图 1–7　黄河古河道演变示意图

第 2 章　水文地质条件

2.1　地下水类型

2.1.1　地下水分类

根据地下水的赋存条件和水力性质，研究区地下水类型可分为三大类型，即松散岩类孔隙水、碎屑岩类孔隙裂隙水、基岩裂隙水（见图 2-1）。

研究区主要以第四系松散岩类孔隙水为主，分布面积占整个研究区面积的 98 %以上，第四系松散岩类孔隙水进一步可分为潜水、承压水。

2.1.2　含水岩组划分

第四系松散岩类孔隙水，根据地下水赋存条件有些地区只有潜水存在，划分为单一潜水含水岩组，有些地区存在着潜水—承压水综合体，上部潜水划分为第Ⅰ含水岩组，又称之为上覆潜水含水岩组，潜水与承压水之间一般都有一层比较连续的黏性土隔水层，厚度一般 3~10 m。潜水以下承压水比较复杂，层次多、变化大。根据开发利用条件，在 250 m勘探深度内，大致将 50~170 m的含水层划为第Ⅱ含水岩组，又称之为第一承压水含水岩组，将 170~250 m的含水层划分为第Ⅲ含水岩组，又称之为第二承压水含水岩组，250~350 m 划分为第Ⅳ含水岩组，各承压含水岩组之间隔水层不稳定，连续性差（见图2-2）。

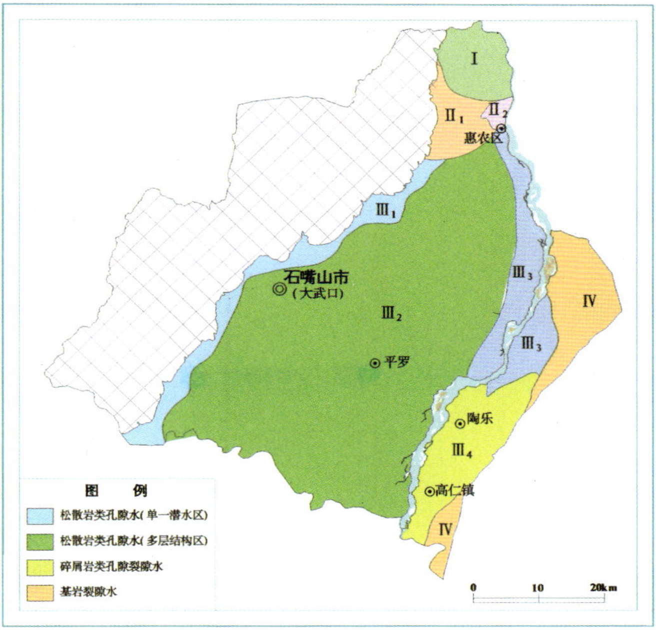

图 2-1　地下水类型示意图

2.2 赋存条件

2.2.1　松散岩类孔隙水

该类地下水赋存于黄河平原巨厚的第四系松散沉积物孔隙中，形成了孔隙潜水与承压水，其特点是分布广、埋藏浅、开采方便，是最具供水意义的地下水。平原中第四系沉积厚度受基底构造控制，变化很大，在姚伏至平罗一带为沉降中心，厚度超过千米，向平原边缘厚度变为几十米甚至几米。巨厚的松散沉积物为地下水赋存及运移提供了良好的空间，贮存了丰富的松散岩类孔隙水。按其赋存条件的差异和所处地貌位置分述如下：

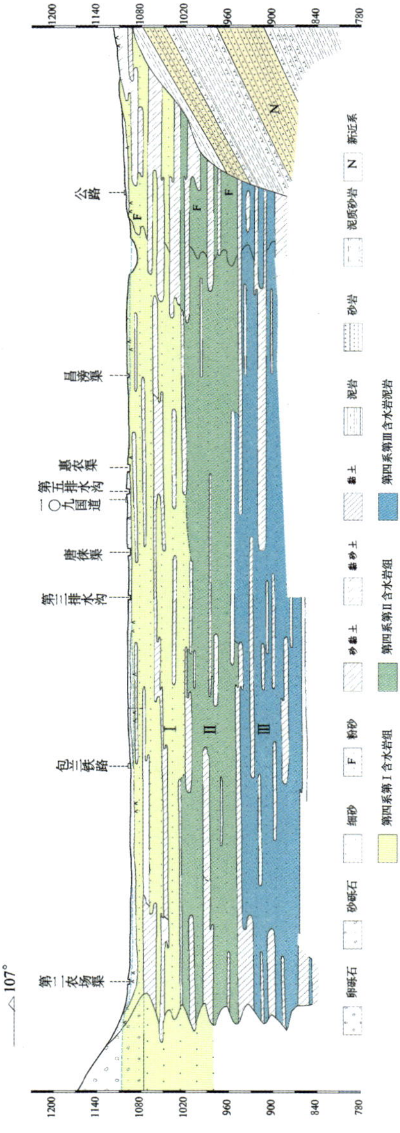

图 2-2 综合水文地质剖面图

1. 潜水

潜水分为单一潜水和上覆潜水，各种类型分布范围及水力特征分布叙述如下（见图 2-3）：

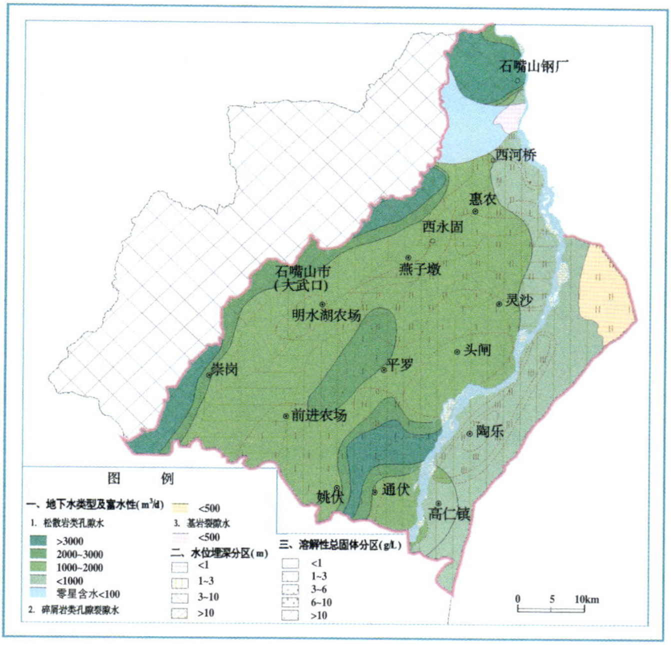

图 2-3　潜水水文地质图

（1）单一潜水

石嘴山盆地单一潜水：位于石嘴山火车站第三系隆起以北，主要由开阔的洪积扇组成，近黄河冲积而成，两者相互连通，呈镶嵌接触，垂向上无连续隔水层，为单一潜水。盆地第四系最大厚度达 700 m，由中心向四周变薄，向东至黄河西岸第四系厚度小于 200 m，向西至贺兰山前小于 400 m。含水层岩性自西向东，由卵砾石变为砂砾石夹砂层，东部含有黏性土透镜体。地下水水位埋深由西向东，自贺兰山前向黄河由深变浅，贺兰山前水位埋深一般在 50~80 m，中部 20~50 m，近黄河 10~20 m。盆地内第四系富水性强，大部分地区为极富水区，单井涌水量大于 3000 m^3/d，只有在盆地东北角为富水区单井涌水量 2000~3000 m^3/d，东南角为一般富水区单井涌水量小于 1000 m^3/d。水质好，溶解性总固体均为小于 1 g/L 的淡水。

贺兰山东麓洪积倾斜平原单一潜水：沿贺兰山东麓分布，北起惠农区红果子火车站，南到平罗县暖泉村，由连绵的洪积扇群构成洪积斜平原，东西宽 3~4 km。第四系厚度由北向南逐渐增厚，在红果子火车站地区，第四系厚 200 m左右，向南至平罗县园艺场一带厚度大于 500 m。含水层岩性自西向东由粗变细。由块石、卵砾石、砂砾石变为砂砾石夹砂层，偶夹黏性土透镜体，分选性、磨圆度均差，含泥质。含水层可见厚度大于 100 m，地下水位埋深由西向东逐渐变浅，一般西部贺兰山前地带水位埋深大于 50 m，向东至洪积扇前缘埋深 10~30 m。该区地下水富水性强为极富水区与富水区，单井涌水量在北部的罗家园子一带、南部园艺场一带大于 3000 m^3/d，其他地区在 2000~3000 m^3/d。水质好，溶解性总固体均小于 1 g/L。

黄河漫滩单一潜水：自石嘴山园艺场至平罗县银河三队沿黄河两岸分布，由现代河流冲积而成，含水层主要以细砂为主。由于基底第三系隆起，导致第四系厚度变化很大，该地区第四系厚度在北部小于 50 m向南至银河三队厚度增至 50~100 m，部分地区大于 100 m。地下水水位埋深在 1~3 m，富水性在园艺场至惠农区礼和乡为一般富水区，单井涌水量小于 1000 m^3/d，银河三队一带为较富水区，单井涌水量 1000~2000 m^3/d。水质北部差于南部，北部园艺场至惠农区礼和乡溶解性总固体 3~6 g/L，南部银河三队一带溶解性总固体 1~3 g/L。

（2）上覆潜水（第Ⅰ含水岩组）

在研究区内分布最广，除单一潜水分布区以外的广大冲洪积、冲湖积平原区，赋存于冲洪积、冲湖积平原多层结构含水层中，周边与单一潜水相接，它们之间有着密切的水力联系。在垂向上与向下伏第Ⅱ含水岩组之间有一相对稳定的隔水层，含水岩组一般由 2~4 个相互具有水力联系的含水层所构成，部分地段上覆较厚的黏性土，使其微具承压性。含水层岩性以细砂、粉细砂为主，厚度在 27.92~82.13 m；平原中部水位埋深多在 1~3 m，西部部分地区 3~10 m，东部近河地带小于 1 m；富水性绝大部分地区为较富水区，单井涌量 1000~2000 m^3/d，只有在平罗县东南部的五香乡至六中一带为富水区单井涌水量 2000~3000 m^3/d，河东地区大部分为一般富水区，单井涌水量小于 1000 m^3/d，在高仁镇地区为较富水区单井涌水量 1000~2000 m^3/d。水质大致以包兰铁路为界，铁路以西水质较好，一般为溶解性总固体小于 1 g/L，铁路以东由南向北水质变差，平罗县高庄乡以南溶解性总固体 1~3 g/L，自高庄向北至惠农区园艺场，溶解性总固体由 1~3 g/L 渐变为大于 10 g/L。

2. 承压水

在研究区 350 m深度内，将埋藏在 50~170 m深度内含水岩组划分为第Ⅱ含水岩组（又称之为第一承压含水岩组），埋藏在 140~250 m深度内含水岩组划分为第Ⅲ含水岩组（又称之为第二承压含水岩组），埋藏在 220~350 m深度内含水岩组划分为第Ⅳ含水岩组（又称之为第三承压含水岩组）。

（1）第Ⅱ含水岩组（第一承压含水岩组）

分布于第Ⅰ含水岩组之下，与上覆第Ⅰ含水岩组之间分布有较连续的黏性土隔水层，隔水层单层厚度在 2~10 m，其岩性主要为黏土、黏砂土、砂黏土。第Ⅱ含水岩组顶板埋深 45.36~88.40 m，大多在 70 m

左右，底板埋深 136.15~172.45 m，大多在 150 m左右，含水岩组由 3~5 个相互具有水力联系的含水层构成，它们之间有极不稳定的黏性土夹层，连续性差，地下水体相互贯通。含水岩组岩性以细砂、粉细砂为主，偶夹砂砾石或粉砂，含水岩组厚度一般在50~70 m，最大厚度达 118.47 m，平原区含水岩组厚度南部大于北部；压力水头埋深多在 1.4~4.37 m，个别点最深达 7.22 m，少数地区较浅，甚至高出地表形成自流水。

第Ⅱ含水岩组富水程度，在黄河以西的大部分地区为极富水区，单井涌水量大于 3000 m³/d，在北部西永固乡至尾闸村一带为富水区单井涌水量 2000~3000 m³/d，黄河以东大部分地区为一般富水区单井涌水量小于 1000 m³/d（见图 2-4）。

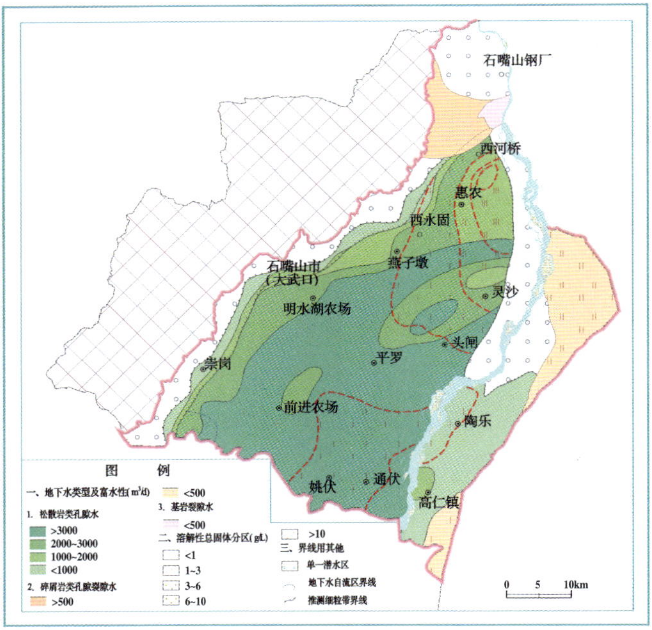

图 2-4　第Ⅱ含水岩组水文地质图

第Ⅱ含水岩组水质分布特征是：西部好于东部，南部好于北部，并有由西向东、由南向北逐渐增高的趋势，在平原区西部溶解性总固体多小于 1 g/L，向东近河地带溶解性总固体多在 1~3 g/L，东部地区由南向北特别是东南部的惠北乡至尾闸村一带，溶解性总固体由 1~3 g/L 增之 6~10 g/L 个别地区高达 15.6 g/L；河东地区溶解性总固体多小于 1 g/L，第Ⅱ含水岩组由南向北变化情况见表 2–1。

表 2–1　第Ⅱ含水岩组由南向北变化情况表

变化方向	南 ——→ 北							
项目	姚伏镇	五香	城关镇	头闸镇	惠北乡	灵沙乡	庙台乡	尾闸乡
含水岩组埋深 /m	60.1~152.2	81.5~150.1	48.2~146.5	73.4~167.7	93.5~139.6	90.3~137.7	77.3~138.5	51.9~126.6
水头埋深 /m	5.583	2.660	5.076	2.16	4.37	7.36	3.35	3.16
单井涌水量/($m^3·d^{-1}$)	4738.99	3401.19	2310.55	3023.29	1364.93	1184.05	2355.71	2263.68
溶解性总固体/($g·L^{-1}$)	0.84	1.52	0.897	0.78	1.22	4.30	8.56	15.61

（2）第Ⅲ含水岩组（第二承压含水岩组）

分布范围与第Ⅱ含水岩组基本一致，两含水岩组之间隔水层连续性较差，水力联系比较密切。两含水岩组之间隔水层主要由黏土、黏砂土、砂黏土组成，厚度变化较大在 2.62~28.37 m之间；顶板埋深 140.18~161.10 m，底板埋深 228.91~254.76 m，含水岩组厚度在 25.36~93.37 m之间，岩性以细砂为主及含有少量粉砂。压力水头埋深多在 1.30~5.08 m，最深 9.10 m；少数地区较浅，甚至高出地表形成自流水。

第Ⅲ含水岩组富水性，与第Ⅱ含水岩组分布特征基本相同，在黄河以西的大部分地区为极富水区，单井涌水量大于 3000 m^3/d，在北部宝丰村一带为富水区单井涌水量 2000~3000 m^3/d，向北由庙台乡至西河桥为较富水区，单井涌水量 1000~2000 m^3/d，黄河以东大部分地区为一般富水区单井涌水量小于 1000 m^3/d（见图 2–5）。

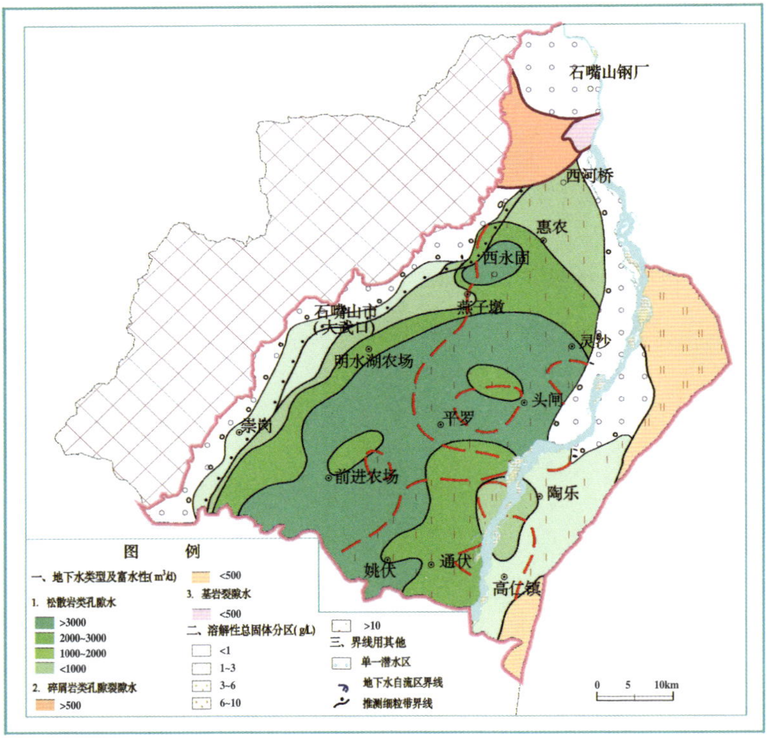

图 2–5　第Ⅲ含水岩组水文地质图

第Ⅲ含水岩组水质分布特征，较第Ⅱ含水岩组简单，总体来看水质由西向东由好变差，平原区西部多小于 1 g/L，近黄河地带多在 1~3 g/L，黄河东部多在 1~3 g/L。第Ⅲ含水岩组由西向东变化情况见表 2–2。

表 2–2　第Ⅲ含水岩组由西向东变化情况表

变化方向	西 ——→ 东					
项目	西大滩	明水湖农场	简泉农场九队	高庄乡	惠北乡	灵沙胜利村
含水岩组埋深 /m	122.0~224.7	154.5~234.0	170.7~240.0	160.51~254.76	146.5~238.6	146.5~228.9
水位埋深 /m	9.10	5.02	1.87	8.62	5.08	2.86
单井涌水量 /($m^3 \cdot d^{-1}$)	664.14	2820.25	3746.61	3564.799	4890.469	3364.157
溶解性总固体 /($g \cdot L^{-1}$)	0.35	0.44	0.45	1.05	1.38	7.82

（3）第Ⅳ含水岩组（第三承压含水岩组）

该含水岩组目前为止资料很少，经部分资料了解，第Ⅳ含水岩组与上覆第Ⅲ含水岩组之间隔水层主要由黏土、黏砂土构成，厚度变化较大，变化在 1.38~29.0 m之间；第Ⅳ含水岩组细粒成分占主导地位，主要成分为黏砂土占 72 %，含水层岩性主要以粉砂为主。中东部靠近黄河水质最差，代表点溶解性总固体含量 7.79 g/L，中部、中南部水质相对较好；富水性强。

3. 细粒带

在洪积扇前缘地带，洪积斜平原与冲积、冲湖积平原接触部位沉积了一套以黏性土为主的细粒带。细粒带成因系洪积所成，贺兰山洪水携大量碎屑物质在贺兰山前沉积，至洪积扇前缘，地形变缓，洪水动力减小，细粒物质开始沉积，形成洪积平原前缘细粒带。其分布范围北起石嘴山红果子火车站北部，南到平罗县崇岗镇暖泉村以西，东西宽约 2~5 km，厚度大于 300 m。细粒带主要由黏质砂土、砂质黏土、黏土、粉砂、细砂组成，具上粗下细的特点，上部 10~50 m粗粒成分较多，与单一潜水区具有一定的水力联系。细粒带属多层结构含水岩组，其含水层岩性、厚度、水量变化很大，承压含水层岩性以细砂、粉砂为主，少量砂砾石，含水层单层薄，黏性土夹层多而厚，富水性一般在 1000 m^3/d 左右。细粒带对平原区水文地质条件影响较大，细粒带以西地形较高，地下水向东径流，当遇到细粒带黏性土厚的地段，地下水径流受阻，有的地方形成泉，溢出地表；若遇到含水层厚、岩性粗的地段又成了地下水的泄水通道。

2.2.2 碎屑岩类孔隙裂隙水

研究区内的碎屑岩类孔隙裂隙地下水主要分布在石嘴山台地及黄河东部的陶乐台地区，下面按地区分别叙述。

1. 石嘴山台地

主要分布在石嘴山惠农区西河桥以北，石嘴山火车站以南地区，含水岩组为第三系砾岩、砂砾岩、砂岩、砂质泥岩、泥质砂岩、泥岩，地表零星出露，大面积被第四系覆盖，第四系厚度 50~100 m。第三系含水层岩性变化比较大，主要为砾岩、砂砾岩、砂岩微胶结或半胶结，多为松散状态，与第四系不易区分，含水层单层厚度 2~80 m，隔水层以砂质泥岩、泥质砂岩为主，部分泥岩，厚度 2~30 m。水位埋深 10~70 m，富水性变化较大，单井涌水量在 100~2500 m^3/d 之间，水质较好，大部分地区溶解性总固体小于 1 g/L，只在东南部溶解性总固体 1~3 g/L。

2. 陶乐台地区

分布在石嘴山市东部，其东紧邻毛乌素沙漠。地表多风沙，据本次勘探资料，第四系覆盖层厚度 20~100 m，岩性以粉砂、粉细砂为主，其下伏第三系含水岩组岩性为细砂岩、粉砂岩、少量砾岩、中砂岩、含砾砂岩，含水层单层厚度 3~10 m，最厚 14.13 m，累积可见厚度 30~60 m。水位埋深 4~19.18 m，局部地区高出地表形成自流水。该区富水性相对较差，单井涌水量 144.79~240.56 m^3/d。水质北部普遍较差，溶解性总固体 3~6 g/L，南部相对较好，局部地区小于 1 g/L。

2.2.3　基岩裂隙水

分布于石嘴山惠农区的煤山，面积不大，基岩裂隙水含水岩组岩性主要为石炭系、二叠系砂岩、页岩、砂质泥岩夹煤层，无地下水露头。

2.3　地下水补径排条件

研究区地下水在地质、地貌及构造的影响下，平原区西边贺兰山区及东部台地区为地下水补给区，贺兰山前洪积倾斜平原地带为径流区，河湖积平原为地下水汇集排泄区。

2.3.1　地下水补给

研究区地下水主要接受引黄灌溉入渗、大气降水入渗、侧向径流、黄河水入渗、地下水灌溉回渗等补给。

1. 引黄灌溉入渗补给

黄河自南而北流经石嘴山市，境内全长 98 km，沿黄河两岸的冲湖积平原，享黄河自流灌溉之便，成为石嘴山市主要的种植产业生产区，区内形成干、支、斗、农四级灌溉体系，灌溉面积达 121 万亩。引黄灌溉水的入渗补给，是构成平原区地下水的主要补给来源，根据计算渠系、农田灌溉年入渗补给第 I 含水岩组水量为 3.62 亿 m^3，相当于总补给量的 73.6 %。

2. 大气降水入渗补给

本区属干旱气候区，降水量较小，多年平均降水量 183.25 mm，而且主要集中在 6~9 月，占全年总降水量的 73.3 %。大气降水对地下水的补给取决于大气降水量、降水形式以及包气带岩性和地下水位埋藏深度等因素，第 I 含水岩组接受大气降水年入渗补给量 0.68 亿 m^3，相当于总补给量的 13.7 %。

3. 侧向径流补给

石嘴山黄河平原东、西均为山区或台地，构成地下水补给区，来自山区基岩裂隙水、碳酸盐岩类裂隙岩溶水、碎屑岩类孔隙裂隙水以侧向径流的形式补给山前地带，范围包括了平原区的整个西部和东南部地区。地下水年侧向补给量 0.42 亿 m^3，相当于总补给量的 8.6 %。

4. 黄河水渗入补给

黄河纵贯整个平原区，黄河水在流动过程中与地下水发生多次转化，在石嘴山平原区绝大部分是地下水补给黄河，仅在石嘴山盆地由于开采地下水形成降落漏斗，黄河水补给地下水。

5. 地下水灌溉回渗补给

石嘴山市平原区在枯水年，开采浅层地下水作为补充灌溉，另外在平原区西部地势较高地带开采地下水灌溉农田，年开采量 0.19 亿m^3，井灌回渗量为 0.04 亿 m^3，相当于补给总量的 0.8 %。

6. 洪水散失补给

石嘴山市黄河平原西部为贺兰山区，贺兰山区降雨量在 300 mm 以上，贺兰山区在分水岭以内降雨形成洪水，大部分在贺兰山前散失渗入地下形成地下水。本地区地表岩性多为卵砾石、砾石、砂砾石及砂土，洪水易于渗漏，洪水散失补给量为 0.03 亿 m^3。

2.3.2　地下水径流

1. 潜水径流

由于潜水径流受地形、岩性等诸多因素影响，从总体看（见图 2-6、图 2-7），贺兰山山前洪积倾斜平原径流条件最好，冲湖积平原最差。洪积倾斜平原含水层颗粒粗大，松散，水力坡度大于 10 ‰，因此地下水径流速度在这一地带较快，径流方向由西向东。平原中部冲湖积平

图 2-6　潜水丰水期等水位线图

原含水层颗粒变细，径流速度变缓，特别是在高庙湖—明水湖—镇朔湖一带潜水径流缓慢处于滞缓状态，部分地区地下水溢出形成湖泊，地下水总体流向北东地区，最后入黄河。另外，在姚伏—平罗—黄渠桥—庙台一带水位相对较高，此线以东潜水直接向黄河排泄。石嘴山盆地地下水径流除石嘴山钢厂一带，其余地区自西向东流向黄河。

冲洪积、冲湖积平原潜水径流特点是：含水层物质颗粒由南向北、由西向东变细，水力坡度由 2 ‰过渡为 0.1 ‰~0.3 ‰。贺兰山前

图 2-7　潜水枯水期等水位线图

洪积倾斜平原潜水径流速度快，平原中部潜水径流缓慢。在丰水期（灌溉期）除开采强度较大的大武口地区、平罗火车站、石嘴山钢厂等地区外，渠系、田间渗漏补给地下水，潜水位普遍上升，沟谷排泄地下水现象比较明显，地下水流向偏向黄河。

在大武口区归德沟、大武口沟、平罗县火车站、石嘴山钢厂等地区，由于大量开采地下水形成地下水位降落漏斗，地下水径流方向呈放射状流向漏斗中心。

2. 承压水径流

第Ⅱ含水岩组与第Ⅲ含水岩组水力联系密切，其径流特点基本一致，从第Ⅱ、第Ⅲ含水岩组地下水等水压线图（见图 2-8、图 2-9）看出，承压水区西部径流条件好，含水层颗粒较粗，水力坡度大于 5 ‰，承压水径流速度较快，径流方向由西向东。平原中部含水层岩性变细，水力坡度由 1 ‰~2 ‰变为 0.2‰ ~ 0.7 ‰，径流速度缓慢，径流方向由南偏西流向北偏东。

图 2-8　第Ⅱ含水岩组等水压线图

图 2-9　第Ⅲ含水岩组等水压线图

由于近年来地下水的开采，在大武口区明水湖农场北东地区，形成第Ⅱ、第Ⅲ含水岩组降落漏斗；在平罗县火车站东南地区，形成第Ⅱ含水岩组降落漏斗，地下水呈放射状流向漏斗中心。

3. 潜水、承压水越流

潜水、承压水越流大小、越流方向决定于补给来源、隔水层的厚度、岩性、水头差等因素，从潜水、承压水水力联系图（见图 2-10）看，黄河平原大部分地区是潜水越流补给承压水，只有在大武口地区、燕子墩—惠北一带、暖泉北部、黄河东部的陶乐以东地区是承压水越流补给潜水。

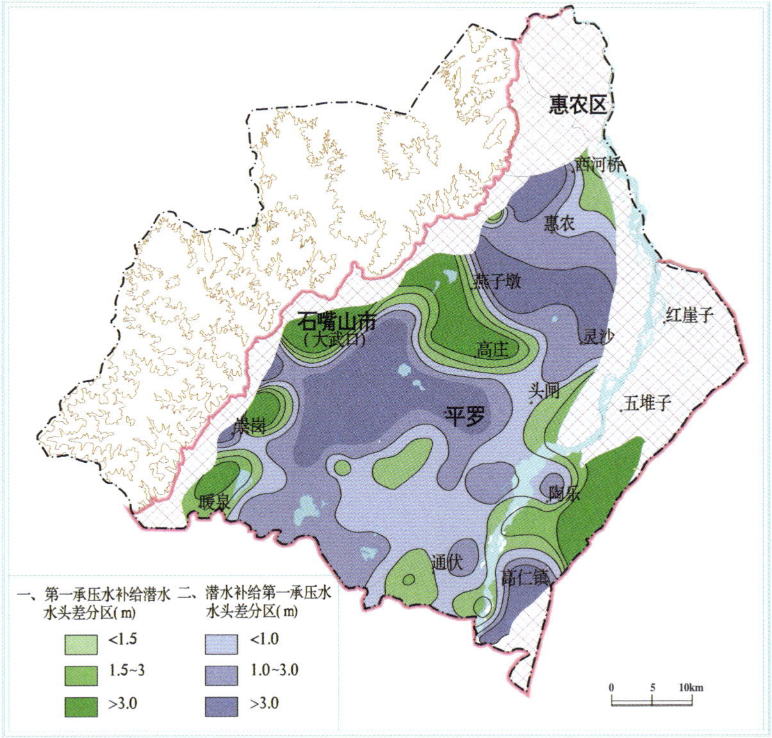

图 2-10　潜水、承压水水力联系图

由于近年来持续干旱，黄河水的流量逐年减少，加之地下水的大量开采，使得平原区潜水承压水的越补关系发生了变化，特别是平罗县火车站、平罗县农场、平罗县通平桥一带，西永固—宝丰一带潜水与承压水水头差超过 3 m，除此之外，其他大部分地区潜水与承压水水头差在 1~3 m或小于 1 m，表现为潜水越流补给承压水。

2.3.3 地下水的排泄

地下水排泄方式主要是在径流中一部分蒸发和人工开采，另一部分流向排水沟最终排入黄河。

1. 蒸发

在气候相同的地区，影响蒸发的主要因素是潜水水位埋藏深度和包气带岩性，一般当潜水水位埋藏深度超过 3 m时蒸发便极其微弱，甚至不受蒸发的影响，另外最有利于蒸发的土壤有黏质砂土、砂质黏土等。石嘴山黄河平原区大部分地区包气带岩性为黏质砂土、砂质黏土，水位埋藏深度大部分地区 1~3 m，灌期普遍小于 3 m，因此地下水蒸发强烈，多年平均蒸发量在 1300 ~ 2100 mm之间，多年平均蒸发量 2.25 亿 m^3，相当于地下水排泄总量的 45.25 %。

2. 排水沟排泄

石嘴山黄河平原区已形成了干沟、支沟、分沟等完整的排水体系，干沟、支沟的沟底深度大多在 3~4 m，超出了潜水水位埋藏深度，排水沟除了排泄农田灌溉余水、污水外，还排泄部分地下水，经计算年排泄量为 1.25 亿 m^3，占总排泄量的 25.2 %。

3. 人工开采

目前平原区居民生活用水及工业用水大部分取自地下水，随着国民经济的快速发展，需水量逐年增加，人工开采成为地下水排泄的主要途径，特别是承压水，人工开采是其主要排泄方式，2011 年开采量为 1.29 亿 m^3，占排泄总量的 25.86 %。

4. 侧向排泄

根据资料，本地区除石嘴山钢厂一带，黄河水位高于地下水位外，大部分地区均为地下水位高于黄河水位，因此黄河排泄地下水，经计算年侧向排泄量为 0.18 亿 m^3，占排泄总量的 3.69 %。

2.4 地下水水化学特征

2.4.1 水化学特征

1. 松散岩类孔隙水

由于受气候、地形、地质及岩性多种因素影响，形成了复杂多变的地下水水化学类型，在分布上各含水岩组之间既相互联系又各不相同，根据各含水岩组水化学类型分布特征，分述如下。

（1）潜水

为进一步了解地下水水化学变化特征，水文地质调查时，为反映不同深度潜水含水岩组水化学特征，分别对 30 m以上的浅层地下水水化学特征和 30~70 m深度内的第 Ⅰ 含水岩组（潜水）水化学特征分布论述。

① 浅层地下水

石嘴山黄河平原从总体上看（见图 2-11），浅层地下水水化学成分从南到北有一个大体上的带状分布特征，在南部的前进农场至平罗一带，水化学成分主要以 HC 为主，平罗向北至高庄水化学成分以 SC 为主，再往北胜利至宝丰水化学成分以 HS 为主，最北部的礼和至尾闸地区水化学成分以 CS 为主。由于浅层地下水水化学受气候、地质地貌及水文地质条件的影响，水化学成分比较复杂，变化多样，如在同一地区就有多种不同水化学类型。

② 单一潜水

石嘴山盆地：西部由洪积扇组成，近黄河为冲积而成，盆地内地下水补径排条件好，在落石滩火车站—石嘴山钢厂以西，水化学类型为 HSnc 型水，此线以东至黄河水化学类型为 HScn 型水，在石嘴山电厂附近分布有小面积的 HSnm 型水。水质好，溶解性总固体均小于 1 g/L。

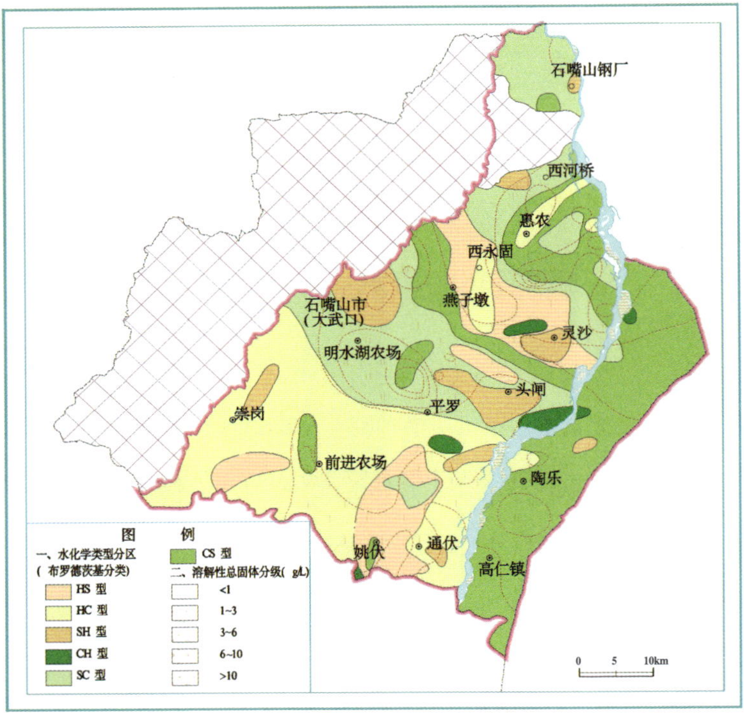

图 2-11　浅层地下水水化学图

贺兰山东麓洪积倾斜平原：潜水水位埋藏较深，受基岩山区裂隙水补给，地下水径流速度较快，水交替强烈，径流畅通，水化学类型主要以 HScn 型水为主，其次是 HScm 型水或 HCnc 型水。水质好，溶解性总固体均小于 1 g/L。

黄河漫滩：多为地下水汇集区，地下水径流速度缓慢，潜水水位埋藏浅，水化学类型主要为 CSnm 型水。水质差，溶解性总固体大部分地区在 3~6 g/L，部分地区甚至大于 10 g/L。

③ 上覆潜水（第Ⅰ含水岩组）

黄河西部：潜水含水岩组与西部单一潜水区相毗邻，由于受单一潜水含水岩组径流补给的影响，水化学类型由西向东由 HCnm 型水变为 CSnm 型水，并且西部水化学类型相对较为简单，向东靠近黄河水化学类型较为复杂。东南部水化学类型以 HSnm 型水为主，北部以 CSnm 型水为主。水质西部好于东部，西部大部分地区溶解性总固体小于 1 g/L 或 1~3 g/L，东部大部分地区在 3~6 g/L，特别是东北部水质较差，溶解性总固体 6~10 g/L。

黄河东部：水质普遍较差，溶解性总固体均大于 1 g/L，在陶乐地区溶解性总固体甚至大于 10 g/L。水化学类型北部以 SCnm 型水为主，南部以 CSnm 型水为主。

从总体上看（见图 2–12），潜水水化学类型由西向东，即由贺兰山前向冲洪积平原至黄河，变化趋势自 HScn 型→HCnm 型→CSnc 型→CSnm 型水，溶解性总固体由小于 1 g/L→1~3 g/L→3~6 g/L。

④浅层地下水与第Ⅰ含水岩组水化学类型对比

浅层地下水与第Ⅰ含水岩组既有相同的地方，又有不同之处，相同地方在于溶解性总固体分布都是西部相对好于东部。但是浅层地下水由于受气候、灌溉影响和微地貌的控制，水化学特征比第Ⅰ含水岩组更趋复杂，从浅层地下水水化学图看，水化学类型没有明显的分布规律，以西大滩—平罗—渠口为界，南部主要以 HC 为主，但其间还有 HS 与 SC 呈现不规律的成片分布，北部是以 SC 为主，其间仍有成片的 HS、CS、SH 分布。水质也相对差于第Ⅰ含水岩组，溶解性总固体有两个大于 10 g/L 的高值区，一个是在平罗县二闸西北，另一个是在宝丰西北。而第Ⅰ含水岩组水化学类型由西向东呈 HScn 型→HCnm 型→CSnc 型→CSnm 型、溶解性总固体由小于 1 g/L→1~3 g/L→3~6 g/L

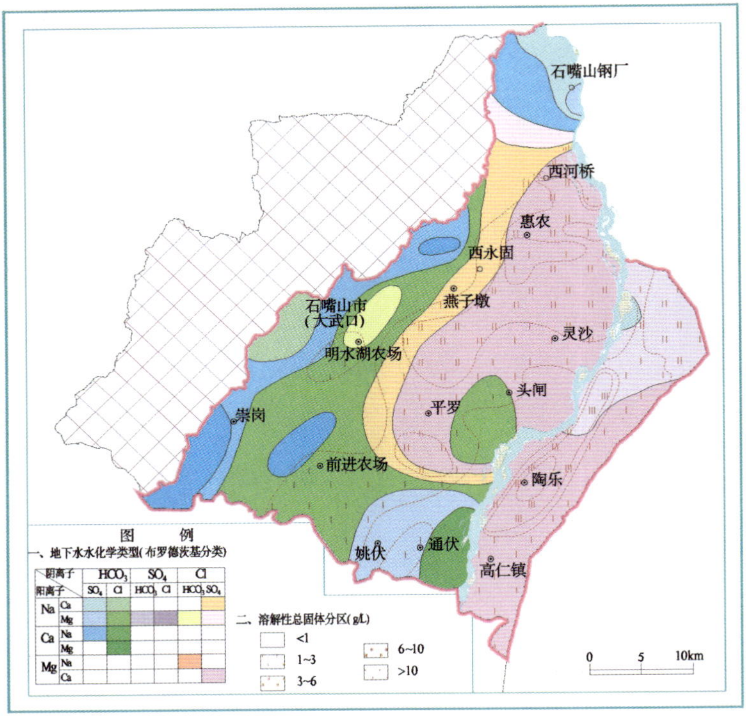

图 2-12　第Ⅰ含水岩组地下水水化学图

的变化规律，溶解性总固体大于 10 g/L 的高值区只有一个，分布在石嘴山市惠农区西河桥至石嘴山市惠农区农牧场地区。黄河以东地区浅层地下水水化学类型是以 CS 为主，第Ⅰ含水岩组水化学类型 SCnm 型、CSnm 型为主，水质略差于浅层地下水。

(2) 承压水

①第Ⅱ含水岩组

第Ⅱ含水岩组水化学类型主要以 HCnc 型、CHnm 型、CSnm 型为主，其分布面积最广，其中 HCnc 型水主要分布于研究区包兰铁路以西，CHnm 型水分布在研究区中北的头闸至西永固乡一带，中南部的通伏乡至前进农场地区，CSnm 型水分布在中南部的灵沙至西河桥一带。水质西部好于东部，南部好于北部，包兰铁路以西溶解性总固体均小于 1 g/L，向东北溶解性总固体逐渐增高至 6~10 g/L（见图 2-13）。

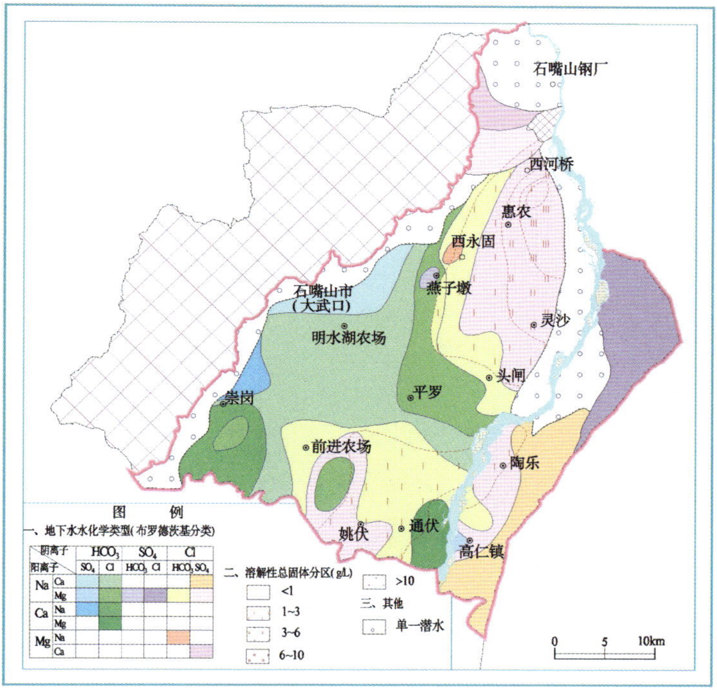

图 2-13　第Ⅱ含水岩组地下水水化学图

② 第Ⅲ含水岩组

第Ⅲ含水岩组与第Ⅱ含水岩组之间隔水层不稳定，水力联系较为密切，因此两含水岩组水化学类型及分布特征基本相同，但第Ⅲ含水岩组水化学成分较第Ⅱ含水岩组简单，水质好于第Ⅱ含水岩组，该含水岩组水化学类型由西向东分带性较明显，自西向东水化学类型由HSnc 型→HCnc 型→ HCnm 型→CSnm 型水。溶解性总固体包兰铁路以西小于 1 g/L，东部大部分地区 1~3 g/L，个别地区 3~6 g/L（见图 2-14）。

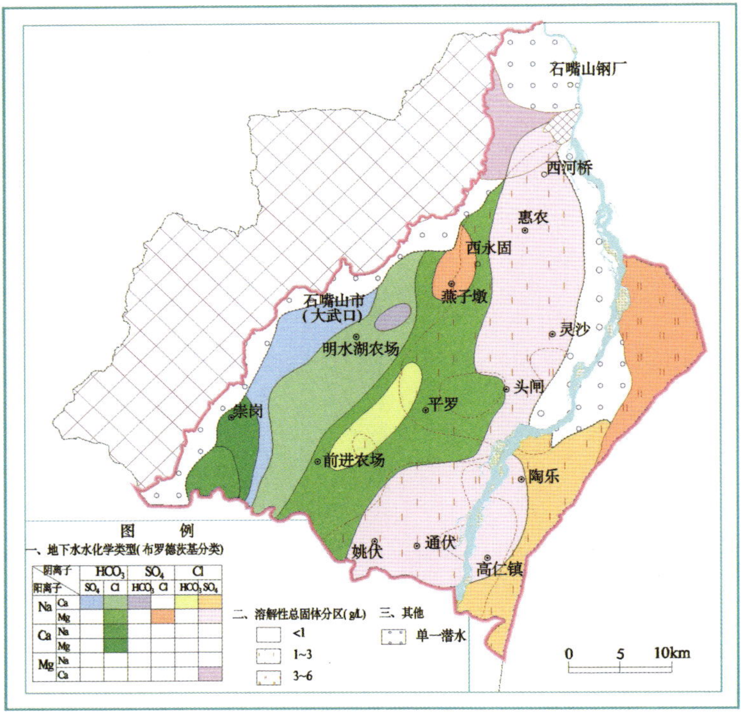

图 2-14　第Ⅲ含水岩组地下水水化学图

2. 碎屑岩类孔隙裂隙水

（1）石嘴山台地

石嘴山台地紧靠基岩山区，上部覆盖有松散砂砾石及细砂层，碎屑岩胶结程度较差，结构松散，地下水径流条件较好，水质好，大部分地区溶解性总固体小于 1 g/L，只有在东南角溶解性总固体 1~3 g/L，水化学类型为 CSnc 型、CSnm 型水。

（2）陶乐台地区

该区水质较差，溶解性总固体均在 3~6 g/L 之间，水化学类型为 CSnm 型水、CSnc 型水。在中部靠近内蒙古，水质较好，溶解性总固体 0.98 g/L，水化学类型为 CSnc 型水。

2.4.2　特殊离子分布特征

1. 铁锰离子分布

水中的铁锰离子是人体不可缺少的微量元素，但含量过高时则对人体健康有一定的影响。其中铁锰离子在水中常呈共生形式存在，水质标准中对铁含量的限制不是因为它的毒性作用，主要是对水的感官性状的影响。据资料水中铁含量在 0.3~0.5 mg/L 时无任何异味，而达到 1 mg/L 以上时则有明显的金属味，且色度大于 30 度；锰含量过量时可影响到人体健康。为研究铁锰离子含量分布情况，对研究区 164 点资料进行分析，现分述如下。

（1）铁离子

研究区内共采用 164 个铁离子含量点，其中第Ⅰ含水岩组点 64 个，第Ⅱ含水岩组点 96 个，第Ⅲ含水岩组点 75 个，各含水岩组铁离子含量特征见表 2–3，从上表中看到，铁离子含量超出生活饮用水卫生标准点占到总点数的 50 %以上，其中超标点含量 0.3~1.0 mg/L 占总超标点的 68 %，含量在 0.3~0.5 mg/L 点占总超标点数的 41 %。

表 2-3　各含水岩组铁离子含量特征表

项　目	总点数(个)	超标点数(个)	超标率(%)	备　注
第Ⅰ含水岩组	64	38	59	国家生活饮用水卫生标准≤0.3mg/L
第Ⅱ含水岩组	96	47	49	
第Ⅲ含水岩组	75	36	48	

在平面上，铁离子含量西部好于东部，北部好于南部，西部多小于 0.3 mg/L，中东部、南部多在 0.3~1.0 mg/L，中北部近黄河地带多大于 1.0 mg/L。

河东地区南部好于北部，在陶乐以北地区铁离子含量多在 0.3~1 mg/L 或大于 1 mg/L，陶乐以南地区多小于 1 mg/L。在垂向上，下部好于上部，从统计资料看，第Ⅰ含水岩组铁离子含量大于 1.0 mg/L 的点占总超标点数的 15 %，第Ⅱ含水岩组铁离子含量大于 1.0 mg/L 的点占总超标点数的 12 %，第Ⅲ含水岩组铁离子含量大于 1.0 mg/L 的点只占超标总点数的 4.5 %。第Ⅱ、第Ⅲ含水岩组的铁离子含量小于第Ⅰ含水岩组的铁离子含量。

（2）锰离子

研究区内锰离子含量普遍较低，研究区内 123 个点中，只有 3 个点超出了生活饮用水卫生标准（标准是锰离子含量≤0.1 mg/L），超标点含量在 0.14~0.4 mg/L。

2. 氟离子

研究区内大部分地区地下水的氟离子含量小于 1 mg/L，研究区内 156 个点中，超出生活饮用水标准（标准是氟离子含量≤1 mg/L）的有 47 个点，各含水岩组基本情况见表 2-4。

表 2-4　各含水岩组氟离子含量特征表

项　目	总点数(个)	超标点数(个)	超标率(%)	备　注
第Ⅰ含水岩组	60	16	27	国家生活饮用水卫生标准是氟离子含量≤1mg/L
第Ⅱ含水岩组	91	19	21	
第Ⅲ含水岩组	76	12	16	
第三系	7	4	57	

氟离子含量大于 1 mg/L 的主要分布地区是石嘴山盆地中北部，黄河以东陶乐台地区。黄河以西平原区的氟离子含量基本为小于 1 mg/L。

第 3 章　地下水资源评价

地下水资源包括地下水天然资源和开采资源两部分。地下水天然资源是指地下水系统中参与现代水循环和水交替，可以恢复、更新的重力地下水。地下水开采资源是指在一定技术、经济条件下，开采过程中不会诱发环境问题，可以持续开采利用的地下水。

3.1　地下水资源计算

3.1.1　计算原则及计算分区

1. 计算原则

地下水资源计算是分别计算地下水天然资源量与开采资源量，并对地下水水量与水质进行评价，计算原则如下：

(1) 第Ⅰ含水岩组（潜水）：分别采用水均衡法和有限差分法进行均衡计算，计算其天然补给资源量与排泄量。

(2) 以不同计算方法，分别计算各含水岩组不同水质的开采资源量，以补给量论证开采资源的保证程度。

(3) 建立地下水资源保护区划，在地下水资源评价的基础上，结合水文地质条件，从科学管理、全面保护、合理利用的角度出发，进行水资源保护区划分。

（4）为不改变承压水力性质，水位最大允许降深值不超过第Ⅱ含水岩组隔水顶板埋深。

（5）地下水水质评价，分别从生活饮用水、农田灌溉用水与一般锅炉用水等方面进行评价。

（6）地下水资源计算中，各项参数以实测与试验数据为主，充分利用前人成果为本次资源计算依据。

2. 计算分区

根据研究区的地质、地貌及水文地质条件，考虑地下水资源特点，将研究区划分为石嘴山盆地区（Ⅰ）、石嘴山台地区（Ⅱ）、黄河平原区（Ⅲ）、陶乐台地区（Ⅳ）四个地下水资源计算区（见表 3–1、图 3–1）。

表 3–1　地下水天然资源计算分区表

区		计算分区	
名称	代号	名称	代号
石嘴山盆地	Ⅰ		Ⅰ
石嘴山台地	Ⅱ	石嘴山火车站隆起	$Ⅱ_1$
		煤山隆起	$Ⅱ_2$
黄河平原	Ⅲ	贺兰山前洪积区	$Ⅲ_1$
		黄河平原河西地区	$Ⅲ_2$
		黄河漫滩区	$Ⅲ_3$
		黄河平原河东地区	$Ⅲ_4$
陶乐台地	Ⅳ	陶乐台地	Ⅳ

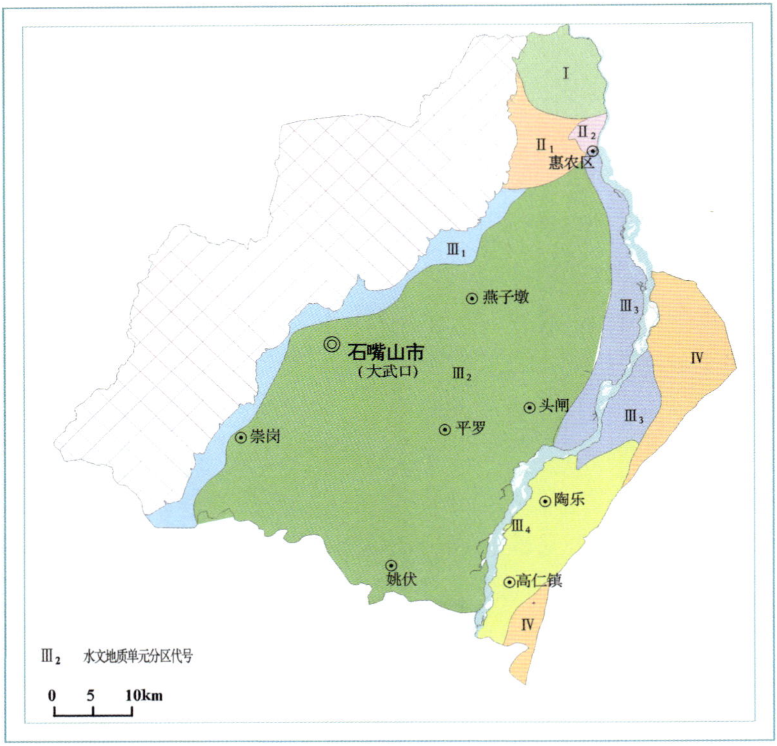

图 3-1 地下水资源计算分区

3.1.2 计算方法及参数选取

1. 计算方法

根据水文地质条件和研究程度，地下水天然补给资源计算是采用水均衡法、大气降水入渗法、补给量相加法等方法计算。

地下水开采资源量计算是采用地下水开采状态下水均衡法、平均布井法计算。

2. 参数选取

水文参数与水文地质参数是计算评价地下水资源的重要数据，也是影响评价结果的主要因素，本次地下水资源计算，水文参数主要是收集有关部门的相关数据和前人成果资料，通过分析对比，根据水文地质条件而定，水文地质参数是由非稳定流抽水试验进行参数计算取得的。

（1）水文参数选取

各项参数选取：渠系引水量、排水沟排水量采用平罗县水利志编纂委员会编制的《平罗县水利志》及《宁夏水资源公报》；有效降水系数、降水入渗系数、渠系入渗系数、田间灌溉入渗系数、径流模数、径流深、洪水入渗系数、灌溉定额等参数选用人民出版社出版的《宁夏地下水资源》《宁夏回族自治区水资源调查评价》与前人研究成果资料，地下水开采量采用调查数据。

（2）水文地质参数选取

水文地质参数主要采用本次研究工作非稳定流抽水试验计算参数。由于本次研究工作第 I 含水岩组非稳定流抽水试验资料较少，因此在参数选取中，部分地区应用了单孔稳定流抽水试验计算参数及前人研究成果资料。

3.1.3　地下水天然资源计算

1. 水均衡法

石嘴山盆地、黄河平原的黄河西区、黄河平原的黄河东区、黄河漫滩区采用水均衡法计算，均衡期为 1 个水文年，计算各均衡要素。

（1）地下水均衡方程式

$$\frac{u\triangle hF}{\triangle t}Q_{补}-Q_{排}$$

式中：

$\frac{u\triangle hF}{\triangle t}$——地下水多年平均储存量变化值，数值上等于 Q 补 -Q 排（亿 m^3/a）；

$Q_{补}$——地下水各项天然补给量之和（亿 m^3/a）；

$Q_{排}$——地下水各项排泄量之和（亿 m^3/a）。

$$Q_{补}=Q_{渠}+Q_{田}+Q_{大}+Q_{山}+Q_{侧}+Q_{回}+Q_{沙}$$

式中：

$Q_{渠}$——渠系渗漏补给量（亿 m^3/a）；

$Q_{田}$——田间灌溉渗漏补给量（亿 m^3/a）；

$Q_{大}$——大气降水渗入补给量（亿 m^3/a）；

$Q_{山}$——山洪散失渗入补给量（亿 m^3/a）；

$Q_{侧}$——地下水侧向补给量（亿 m^3/a）；

$Q_{回}$——已开采潜水灌溉回渗量（亿 m^3/a）；

$Q_{沙}$——沙漠凝结水补给量（亿 m^3/a）。

$$Q_{排}=Q_{侧排}+Q_{蒸}+Q_{沟}+Q_{开}$$

式中：

$Q_{侧排}$——地下水侧向排泄量（亿 m^3/a）；

$Q_{蒸}$——地下水蒸发量（亿 m^3/a）；

$Q_{沟}$——排水沟排泄地下水量（亿 m^3/a）；

$Q_{开}$——地下水开采量（亿 m^3/a）。

（2）补给项计算

①渠系渗漏补给量

由其他地区流经研究区的主要渠系有唐徕渠、惠农渠两大干渠和第二农场渠支干渠，陶乐扬水灌渠；昌润渠、滂渠、官泗渠支干渠引自惠农渠，为避免重复计算，本次不计算渠系渗漏量，另外在计算中减去了各渠系的衬砌长度，渠系渗漏补给采用下列公式计算：

$$Q_{渠}=q\cdot L\cdot T$$

$$q=10\cdot A\cdot Q^{1-m}$$

式中：

$Q_{渠}$——渠系渗漏补给量（亿 m^3/a）；

q——渠道单位长度的渗入量（$m^3/s\cdot km$）；

Q——渠道引水量（亿 m^3/a）；

A、m——与土层渗水性有关的系数；

L——渠道长度（km）；

T——渠道行水时间（d）。

②田间灌溉渗漏补给

耕地总面积及水田、水浇田面积采用遥感解译获得，各计算区灌溉面积根据水文地质单元划分，田间灌溉渗漏补给量采用以下公式计算：

$$Q_{田}=\alpha\cdot Q_{田间}$$

式中：

$Q_{田}$——田间灌溉渗入补给量（亿 m^3/a）；

α——灌溉渗入补给系数；

$Q_{田间}$——田间灌溉水量（m^3/a）。

③大气降水入渗补给

降雨入渗面积从地形图上量取，年降雨量收集于大武口区、惠农区、平罗县及陶乐气象站多年平均资料，大气降水入渗补给量计算公式如下：

$$Q_{降}=10^{-1}\cdot F\cdot A\cdot\alpha\cdot r$$

式中：

$Q_{降}$——降水入渗补给量（亿 m^3/a）；

F——均衡区的面积（km^2）；

A——年降水量（mm）；

α——降水入渗系数；

r——有效降水系数。

④洪水散失渗入补给

形成山洪的汇水面积采用 30 m DEM 水文分析计算获得，贺兰山前洪水散失渗入补给量计算公式：

$$Q_{洪}=10^{-5}\cdot h\cdot \beta\cdot F$$

式中：

$Q_{洪}$——洪水散失渗入补给量（亿 m^3/a）；

h——贺兰山洪径流高度（mm/a）；

β——贺兰山前山洪散失渗入补给系数；

F——形成山洪的汇水面积（km^2）。

⑤地下水侧向径流补给

地下水侧向径流补给量主要来自西部贺兰山区，其次是东部陶乐台地，地下水的侧向径流补给量采用分段计算，渗透系数取各段钻孔资料计算参数、水力坡度根据两相邻等水位线或钻孔水位标高计算取值，含水层厚度采用各钻孔可见厚度，计算公式如下：

$$Q_{侧}=K\cdot H\cdot L\cdot I$$

式中：

$Q_{侧}$——地下水的侧向径流补给量（m^3）；

K——渗透系数（m/d）；

H——含水层厚度（m）；

L——计算断面长度（m）；

I——水力坡度。

⑥开采潜水灌溉回渗

石嘴山市农业灌溉主要取自黄河水，开采潜水主要用于补充灌溉和地势较高引黄灌渠不能到达之处，计算公式如下：

$$Q_{回}=\alpha \cdot Q_{井}$$

式中：

$Q_{回}$——井灌回渗量（亿 m^3/a）；

α——灌溉渗入补给系数；

$Q_{井}$——用于灌溉的地下水开采量（亿 m^3/a）。

⑦沙漠凝结水补给

计算公式：

$$Q_{沙}=F \cdot M$$

式中：

$Q_{沙}$——沙漠凝结水补给量（亿 m^3/a）；

F——沙漠区面积（km^2）；

M——沙漠凝结水补给模数（亿 $m^3/a \cdot km^2$）。

（3）排泄项计算

①地下水侧向排泄

石嘴山黄河平原由于受引黄灌溉的入渗补给，潜水水位埋藏较浅。从地下水流场图分析，潜水由西南流向北东最终流入黄河，除石嘴山盆地部分地区外，地下水主要排泄到黄河。侧向排泄量计算公式同侧向径流量公式，计算公式如下：

$$Q_{侧排}=K \cdot H \cdot L \cdot I$$

式中：

$Q_{侧排}$——地下水的侧向径流补给量（m^3）；

K——渗透系数（m/d）；

H——含水层厚度（m）；

L——计算断面长度（m）；

I——水力坡度。

②地下水蒸发量

石嘴山黄河冲湖积平原区，地下水位埋藏较浅多在 1~3 m，在干旱气候条件下潜水蒸发是地下水排泄的主要途径，潜水蒸发量按下列公式计算：

$$Q_{蒸}=10^{-5}F\varepsilon$$

$$\varepsilon=\varepsilon_0\ (1-\Delta/\Delta 0)\ n$$

式中：

F——计算区面积（km^2）；

ε——潜水蒸发度（mm/a）；

ε_0——水面蒸发度（mm/a）；

Δ——计算区潜水水位平均埋藏深度（m）；

Δ_0——潜水不被蒸发的极限深度（m）；

n——与土质有关的系数。

潜水蒸发量根据不同水位埋深分级，按灌溉期和非灌溉期分别计算，灌溉期指 5 月、6 月、7 月、8 月、9 月、11 月，非灌溉期指 1 月、2 月、3 月、4 月、10 月、12 月。潜水蒸发面积由水位埋深图上量取，潜水极限蒸发深度及 n 值引自前人报告，极限蒸发深度为 3 m，土质有关系数为 2。水面蒸发量取平罗县、陶乐县气象局多年平均值，水面蒸发量按换算系数换算成大面积水面蒸发量后使用。

③排水沟排泄地下水量

研究区内的第三排水沟、第五排水沟，主要承担着黄河以西平原区的灌溉回归水、渠道退水、山洪及降水形成的地表水、生活污水与地下水的排泄；黄河以东陶乐平原区具有独立的排灌系统，排水沟主要承担着黄河以东的排水，排水沟排泄地下水采用以下公式计算：

$$Q_{沟}=\delta\cdot Q$$

式中：

$Q_{沟}$——排水沟排泄地下水量（亿 m^3/a）；

δ——排水沟排地下水系数；

Q——排水沟总排水量（亿 m^3/a）。

④开采量

根据调查资料，石嘴山市年深层地下水总开采量为 1.285 亿 m^3，主要用于工业和居民生活，开采目的层大多为贺兰山前与石嘴山盆地单一潜水，开采深度多大于 100 m；农业灌溉机井大多为开采浅层地下水，开采量为 0.189 亿 m^3。

（4）地下水均衡结果

地下水均衡计算结果：均衡区内潜水总补给量为 4.93 亿 m^3/a，排泄量为 4.97 亿 m^3/a，补排差 –0.04 亿 m^3/a，为微弱负均衡。

2. 补给项相加法

（1）石嘴山火车站隆起区

石嘴山火车站隆起区地下水补给来源，主要为贺兰山区地下水侧向径流和洪水散失渗入补给，两项之和即为地下水天然资源。地下水侧向径流采用地下水径流模数法，计算公式：

$$Q_{径}=3.1536\times10^4\cdot M\cdot F$$

式中：

$Q_{径}$——地下水天然补给资源（亿 m^3/a）；

M——径流模数（$L/s\cdot km^2$）；

F——补给区面积（km^2）。

贺兰山前洪水散失渗入补给量计算公式：

$$Q_{洪}=10^{-5}\cdot h\cdot \beta\cdot F$$

式中：

$Q_{洪}$——洪水散失渗入补给量（亿 m^3/a）；

h——贺兰山洪径流高度（mm/a）；

β——贺兰山前山洪散失渗入补给系数；

F——形成山洪的汇水面积（km^2）。

（2）贺兰山前洪积区

贺兰山前洪积倾斜平原区，利用大气降水入渗法和径流模数法计算补给量，其天然补给资源采用两项补给量之和，洪水散失补给量包括在径流补给量中，不再进行计算。

大武口区内贺兰山东麓主要有大武口沟、大风沟等 8 条，平罗县内主要包括大水沟、小水沟等 7 条，根据调查资料常流水的沟分别有大风沟、归韭沟、龙泉山庄沟、大水沟、小水沟和汝箕沟。

大气降水入渗计算公式：

$$Q_{降}=10^{-1}\cdot F\cdot A\cdot \alpha\cdot r$$

式中：

$Q_{降}$——降水入渗补给量（亿 m^3/a）；

F——均衡区的面积（km^2）；

A——年降水量（mm）；

α——降水入渗系数；

r——有效降水系数。

径流模数法计算公式：

$$Q_{径}=3.1536\times 10^{4}\cdot M\cdot F$$

式中：

$Q_{径}$——地下水天然补给资源（亿 m^3/a）；

M——径流模数（$L/s\cdot km^2$）；

F——补给区面积（km^2）。

3. 大气降水入渗法

陶乐台地、煤山隆起地下水补给来源主要是大气降水入渗补给，采用大气降水入渗法计算其天然补给量，计算公式：

$$Q_{降}=10^{-1}\cdot F\cdot A\cdot \alpha\cdot r$$

式中：

$Q_{降}$——降水入渗补给量（亿 m^3/a）；

F——均衡区的面积（km^2）；

A——年降水量（mm）；

α——降水入渗系数；

r——有效降水系数。

4. 地下水天然资源量计算结果

经计算研究区内地下水天然补给资源量为 5.30 亿 m^3/a。

3.1.4 地下水开采资源量计算

根据水文地质条件和研究程度，本书采用不同方法对贺兰山前冲洪积平原、石嘴山盆地单一潜水区、黄河平原潜水及承压水分别进行计算。

计算区：潜水按地下水天然资源计算分区进行；承压水只计算黄河平原的黄河西区与黄河平原的黄河东区。

1. 单一潜水区开采资源计算

石嘴山盆地、贺兰山前洪积斜平原单一潜水区，含水岩组主要岩性为碎石、卵砾石、砂砾石、粗砂、细砂，局部夹有黏性土透镜体，含水层厚度达百米以上，富水性强，水质好，水位埋深大，为很好的生活饮水水源。

开采条件为统一换算口径为305 mm，区域水位降深10 m，开采范围确定在石嘴山盆地与贺兰山前洪积倾斜平原区水位埋深小于50 m的地段。采用平均布井法计算其开采资源量。

开采资源计算，分别以均衡区为单位，按第Ⅰ含水岩组水文地质图上富水性划分计算段，将换算成统一口径、统一降深的单井涌水量，作为平均布井单井涌水量，因考虑到长期开采，因此以单井影响半径的2.5倍作为平均布井的布井间距，影响半径采用非稳定流抽水试验计算值，平均布井法计算公式：

$$Q_{开}=\frac{FQ}{4R^2}10^2$$

式中：

$Q_{开}$——地下水开采资源量（亿 m^3/a）；

Q——单井涌水量（m^3/d）；

F——计算区面积（km^2）；

R——影响半径（m）。

2. 上覆潜水（第Ⅰ含水岩组）开采资源计算

该区主要分布于黄河冲湖积平原，地下水位埋藏浅，补给量充沛，开采方便，目前开采该层地下水主要用于农业灌溉。

采用开采状态下的水均衡方程式计算其开采资源量。开采状态下水均衡计算是以天然状态下水均衡计算为基础，在天然补给量不变的情况下进行，潜水位埋深在灌期控制在2 m，非灌期控制在3 m，计算公式：

$$Q_{开}=W_{减}+Q_{排减}+V_{疏}$$

式中：

$Q_{开}$——地下水开采资源量（亿 m^3/a）；

$W_{减}$——开采地下水时，因水位下降而袭夺的蒸发量减量（亿 m^3/a）；

$Q_{排减}$——开采地下水时，水位下降而袭夺排水沟排泄量的减量（亿 m^3/a）；

$V_{疏}$——非灌期地下水位下降 2m 时的疏干量（亿 m^3/a）。

(1) 蒸发量的减量

由于开采地下水，非灌期地下水位降至地面以下 2 m，潜水蒸发量的减量等于天然状态下非灌期潜水蒸发量减去潜水位降至地面以下 2 m的蒸发量。

(2) 排水沟排泄地下水的减量

研究区内排水沟分主干沟和支沟，主干沟开挖深度一般在地面以下 3 m，天然状态下，排水沟既排地表水同时又排地下水。当开采地下水时，水位降至地面以下 2 m，此时排水沟仍然具有排泄地下水能力，只不过排泄地下水的能力相对要减少，根据前人资料，排水能力减少 20 %，以此计算排水沟排泄地下水的减量。

(3) 疏干量

计算公式：

$$Q_{疏}=F\cdot\triangle H\cdot\mu\cdot 10^{-2}$$

式中：

F——计算区面积（km^2）；

$\triangle H$——计算区水位平均下降值（m）；

μ——平均给水度。

（4）计算结果

潜水开采资源量为1.00亿 m^3/a。

3. 第Ⅱ含水岩组开采资源量计算

石嘴山市黄河平原是银川平原的一部分，平原内沉积了巨厚的松散沉积物，利于地下水的聚集，成为良好的储水场所，平原西部为单一潜水含水层，向东逐渐过渡到潜水—承压水多层结构区，含水岩组呈南北向延伸。由于平原西部细粒带黏性土增加含水层厚度较薄，东部第三系隆起，导致承压水含水岩组尖灭，区域上，第Ⅱ含水岩组隔水顶板厚度变化较大，而且不稳定、连续性较差。

在天然状态下承压水的补给，来源于黄河平原周边的地下水侧向径流补给、贺兰山东麓洪积平原单一潜水补给及潜水垂直越流补给。承压水排泄途径主要为垂向越流、开采和侧向流出。承压水含水岩组以储存资源为其特征，但在开采条件下，水动力条件改变，同时改变了天然条件的平衡。由于开采地下水使得地下水位大幅度下降，形成水位降落漏斗，则产生了开采条件下的地下水激发补给量。在激发补给量中，以越流补给量为主。

第Ⅱ含水岩组开采资源量计算是根据本地区水文地质条件，以水位下降15 m（水位降深不超过第Ⅱ含水岩组顶板埋深），采用开采条件下水均衡法、平均布井法计算开采资源量。

（1）开采条件下水均衡法

根据水均衡原理，将未来的开采量作为地下水消耗的排泄量考虑，开采条件下水均衡方程式如下：

$$Q_{开}=（Q_{侧入}-Q_{侧出}）+Q_{弹}+Q_{越}$$

式中：

$Q_{开}$——开采条件下补给量之和（亿 m^3/a）；

$Q_{侧入}$——侧向流入计算区的水量（亿 m^3/a）；

$Q_{侧出}$——侧向流出计算区的水量（亿 m^3/a）；

$Q_{弹}$——含水岩组弹性释放量（亿 m^3/a）；

$Q_{越}$——越流补给量（亿 m^3/a）。

在开采条件下，承压含水岩组补给量包括侧向径流补给量、第Ⅰ含水岩组越流补给量和含水岩组弹性释放量。

①侧向流入、流出量计算

根据水文地质条件与第Ⅱ含水岩组地下水流场图，确定侧向流入与流出边界。由于区域地下水同时开采，地下水水力坡度基本保持不变，开采条件下水力坡度仍采用天然状态下水力坡度，侧向流入量与流出量采用达西公式计算。

$$Q_{侧}=K\cdot H\cdot L\cdot I$$

式中：

$Q_{侧排}$——地下水的侧向径流补给量（m^3）；

K——渗透系数（m/d）；

H——含水层厚度（m）；

L——计算断面长度（m）；

I——水力坡度。

②越流补给量

黄河平原多层结构区上覆第Ⅰ含水岩组是第Ⅱ含水岩组地下水的主要补给来源，在开采条件下，地下水位下降，形成水位下降漏斗，第Ⅰ含水岩组与第Ⅱ含水岩组水力梯度增大，在重力作用下，通过越流方式补给第Ⅱ含水岩组，越流补给量计算公式：

$$Q_{越}=F\frac{K'}{m'}\cdot\triangle H\cdot 10^2$$

式中：

F——计算面积（km^2）；

K'——第Ⅱ含水岩组隔水顶板的垂向渗透系数（m/d）；

m' ——隔水顶板平均厚度（m）；

$\triangle H$——第Ⅰ、第Ⅱ含水岩组水头差（m）。

③弹性释放水量计算

在开采条件下，承压含水岩组水位下降，含水层的弹性压力减小造成水的弹性膨胀，从含水层中释放出弹性释放水量。弹性释放水量取决于水位降低程度、开采时间长短及含水层弹性释水系数。计算公式如下：

$$Q_{弹} = \frac{F \cdot S \cdot S^{※}}{t} \cdot 10^2$$

式中：

$Q_{弹}$——弹性释放水量（亿 m^3/a）；

F——计算面积（km^2）；

S——水位下降值（m）；

$S^{※}$——弹性释水系数。

（2）平均布井法

以计算区为基础，统一换算为 305 mm口径，降深 15 m的平均单井涌水量，作为平均布井的单井涌水量，影响半径采用本次非稳定流抽水试验计算的平均值，因考虑长期开采，以单井影响半径的 2.5 倍为平均布井间距，按下列公式计算：

$$Q_{开} = \frac{FQ}{4R^2} 10^2$$

式中：

$Q_{开}$——地下水开采资源量（亿 m^3/a）；

Q——单井涌水量（m^3/d）；

F——计算区面积（km^2）；

R——影响半径（m）。

经计算，开采条件下水均衡法计算结果为 3.39 亿 m^3/a，平均布井法计算结果为 3.26 亿 m^3/a。从上述第Ⅱ含水岩组开采资源量计算结果看，两种方法计算结果较为接近，因此选用开采条件下水均衡法计算结果作为第Ⅱ含水岩组开采资源量。

4. 第Ⅲ含水岩组开采资源量

第Ⅲ含水岩组以弹性储存量作为开采资源量，计算公式为：

$$Q_{开}=Q_{弹}=\frac{F \cdot F \cdot S^*}{t}\cdot 10^2$$

式中:

$Q_{弹}$——含水岩组弹性储存量（亿 m^3/a）；

F——计算面积（km^2）；

S——水位下降值（m）；

$S^※$——弹性释水系数。

计算区面积从地形图上量取，水位下降值取 15 m，评价开采期为 20 年，弹性释水系数取本次各非稳定流抽水试验计算平均值。经计算，第Ⅲ含水岩组开采资源量为 0.01 亿 m^3/a。

3.2 地下水资源评价

3.2.1 地下水资源量评价

1. 潜水（第Ⅰ含水岩组）

（1）地下水均衡计算结果表明：石嘴山市黄河平原均衡区内潜水

总补给量为4.93亿 m^3/a，总排泄量为4.97亿 m^3/a，补排差 –0.04亿 m^3/a，为微弱负均衡，地下水基本处于平衡状态。其中补给项中，渠系渗入补给量1.99亿 m^3/a，占总补给量的40.35 %；田间灌溉渗入量1.64亿 m^3/a，占总补给量的33.24 %；降水入渗量0.68亿 m^3/a，占总补给量的13.74 %；其他补给量为0.51亿 m^3/a，仅占总补给量的10.38 %。在补给项中，渠系渗入与田间灌溉渗入占主导地位，这两项补给量为3.62亿 m^3/a，占总补给量的73.59 %。其次是大气降水与侧向径流补给量为1.00亿 m^3/a，占总补给量的20.07 %。

排泄量中蒸发量为2.25亿 m^3/a，占总排泄量的45.25 %；开采量1.29亿 m^3/a，占总排泄量的25.86 %；排水沟排泄量1.25亿 m^3/a，占总排泄量的25.20 %；这三项占总排泄量的96.31 %，为潜水的主要排泄途径。

①石嘴山盆地单一潜水在均衡期内，地下水总补给量为0.31亿 m^3/a，总排泄量为0.25亿 m^3/a，均衡差为+0.06亿 m^3/a，为正均衡。其中主要补给量是侧向径流补给量为0.23亿 m^3/a，占总补给量的75.08 %；其次是降水入渗补给量为0.04亿 m^3/a，占总补给量的12.38 %。排泄量中侧向排泄量为0.14亿 m^3/a，占总排泄量的57.78 %。

②黄河平原的黄河西区与黄河东区潜水在均衡期内，地下水总补给量为4.62亿 m^3/a，总排泄量为4.72亿 m^3/a，均衡差为 –0.10亿 m^3/a，为负均衡。其中渠系渗入补给量为1.99亿 m^3/a，占总补给量的43.02 %；田间灌溉渗入补给量为1.62亿 m^3/a，占总补给量的35.04 %；降水入渗补给量为0.64亿 m^3/a，占总补给量的13.83 %；三项补给量之和占总补给量的91.88 %，为本区潜水的主要补给来源。在排泄量中蒸发量为2.25亿 m^3/a，占总排泄量的47.63 %；排水沟排泄量为1.25亿 m^3/a，占总排泄量的26.52 %；人工开采量为1.18亿 m^3/a，占总排泄量的25 %；三项之和占总排泄量的99.16 %，为本区潜水的主要排泄途径。

(2) 采用补给项相加法、大气降水入渗法，贺兰山前洪积倾斜平原天然补给资源量计算结果为 0.35 亿 m^3/a，石嘴山火车站隆起、煤山隆起区和陶乐台地补给资源量分别是 0.02 亿 m^3/a、0.0037 亿 m^3/a、0.0063 亿 m^3/a，其主要补给来源为大气降水、洪水散失和山区的侧向径流补给。

(3) 石嘴山市平原区地下水天然补给资源量总量是 5.2986 亿 m^3/a，其中溶解性总固体小于 1 g/L 的资源量是 2.3749 亿 m^3/a，占补给资源总量的 44.8 %；1~3 g/L 的资源量是 1.7979 亿 m^3/a，占补给资源总量的 33.9 %；3~6 g/L 的资源量是 0.8944 亿 m^3/a，占补给资源总量的 16.9 %；6~10g/L 的资源量是 0.1672 亿 m^3/a，占补给资源总量的 3.2 %；大于 10 g/L 的资源量是 0.0642 亿 m^3/a，占补给资源总量的 1.2 %。不同水质天然补给资源量占补给资源总量的百分比见图 3-2。

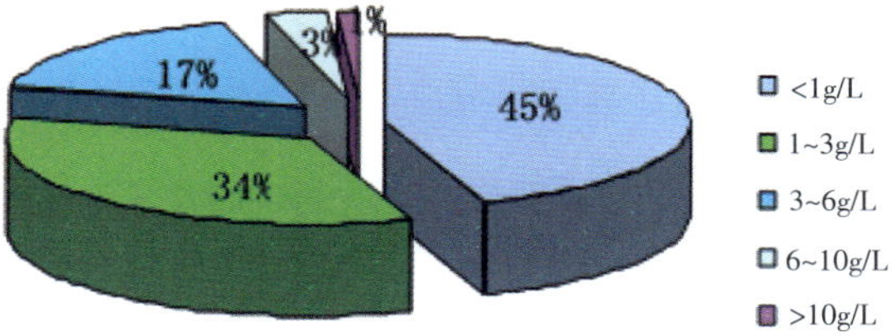

图 3-2　溶解性总固体百分比含量示意图

(4) 潜水（第 I 含水岩组）开采资源量为 0.995 亿 m^3/a，其中石嘴山盆地单一潜水区开采资源量为 0.2915 亿 m^3/a，占补给资源量的 95.23 %，贺兰山前洪积倾斜平原单一潜水区开采资源量为 0.3061 亿 m^3/a，占补给资源量的 88.0 %。两项开采资源量之和为 0.5976 亿 m^3/a，而补给资源量为 0.6532 亿 m^3/a，开采量小于天然补给资源量，计算说明开采资源量是有保证的。

研究区内，单一潜水区开采资源量为0.5976亿m^3/a，黄河平原区潜水开采资源量为0.3927亿m^3/a，其中黄河西区为0.3561亿m^3/a，黄河东区为0.0366亿m^3/a，合计开采资源量为0.995亿m^3/a，作为石嘴山市平原区潜水开采资源，其中溶解性总固体小于1 g/L的开采资源量为0.7457亿m^3/a。

2．承压水

（1）第Ⅱ含水岩组地下水区域水位下降15 m，评价开采期为20年，计算各项补给量之和为3.3907亿m^3/a，其中侧向流入量为0.1033亿m^3/a，占总补给量的3.05 %；越流补给量为3.2829亿m^3/a，占总补给量的96.82 %；弹性释水量为0.0146亿m^3/a，占总补给量的0.43 %；侧向流出量为0.0101亿m^3/a，占总补给量的0.28 %。

（2）应用稳定流平均布井法，第Ⅱ含水岩组开采量计算结果为3.2556亿m^3/a，计算结果小于开采条件下补给资源量，计算说明开采量是有保证的。

（3）第Ⅲ含水岩组与第Ⅱ含水岩组之间隔水层连续性差，水力联系密切，越流补给是其主要补给来源，由于资料有限，以弹性储存量作为其可开采资源量，计算结果为0.0142亿m^3/a。

通过以上计算结果分析、对比，选择开采条件下水均衡法计算结果为3.3907亿m^3/a，作为第Ⅱ含水岩组开采资源量。

第Ⅱ含水岩组在开采条件下，主要补给来源于潜水侧向补给与越流补给，这两部分补给量占潜水总补给量的63.9 %，说明承压水开采资源量是有保证的。

（4）第Ⅱ含水岩组开采资源按水质分级，溶解性总固体小于1 g/L的开采资源量是2.2382亿m^3/a，占开采资源总量的66.0 %；1~3 g/L的开采资源量是0.8482亿m^3/a，占开采资源总量的25 %；3~6 g/L的开采资源量是 0.175 亿 m^3/a，占开采资源总量的 5.2 %；6~10 g/L 的开采资源量是 0.1099 亿 m^3/a，占开采资源总量的 3.2 %；大于 10 g/L 的开采资源量是 0.0194 亿 m^3/a，占开采资源总量的 0.6 %。

（5）石嘴山市平原区潜水（第Ⅰ含水岩组）及第Ⅱ含水岩组地下水开采资源量是 4.3857 亿 m^3/a，占天然补给资源量的 82.8 %，开采资源量小于天然补给资源量。其中溶解性总固体小于 1 g/L 的开采资源量是 2.9839 亿 m^3/a，占开采资源总量的 68 %；1~3 g/L 的开采资源量是 1.0019 亿 m^3/a，占开采资源总量的 22.8 %；3~6 g/L 的开采资源量是 0.2508 亿 m^3/a，占开采资源总量的 5.7 %；6~10 g/L 的开采资源量是 0.1252 亿 m^3/a，占开采资源总量的 2.9 %；大于 10 g/L 的开采资源量是 0.0239 亿 m^3/a，占开采资源总量的 0.5 %。不同水质开采资源量占总开采资源量百分比见图 3–3。

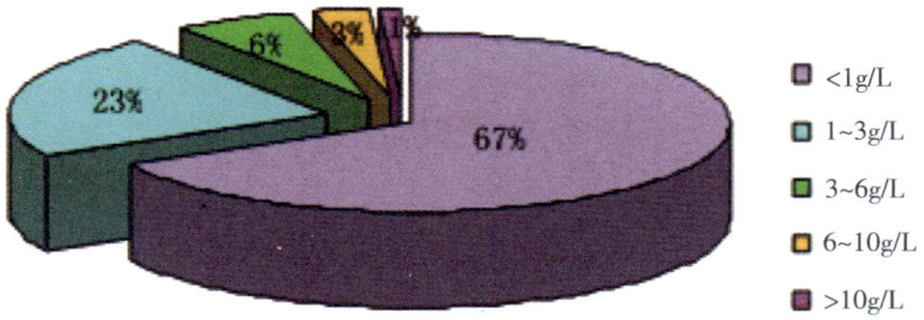

图 3–3 溶解性总固体百分比含量示意图

3.2.2 地下水水质评价

本次研究地下水水质评价是从生活用水、一般锅炉用水和农田灌溉用水等方面进行评价，其中生活用水、一般锅炉用水分别对第Ⅰ、第Ⅱ、第Ⅲ含水岩组进行评价，农田灌溉用水只对潜水（第Ⅰ）含水岩组进行评价。

1. 生活用水水质评价

（1）评价因子和方法

水质评价选用色度、浑浊度、pH、总硬度、溶解性总固体、硫酸盐、氯化物、铁、锰、铜、锌、挥发性酚类、硝酸盐、亚硝酸盐、氨氮、氟化物、氰化物、汞、砷、镉、铬、铅等22项作为评价因子。

评价方法依据中华人民共和国《地下水质量标准》（GB/T14848–2015）进行地下水水质评价，水质评价采用综合指数法。

综合评价分值 F，按以下公式计算：

$$F=\sqrt{\frac{\overline{F}^2+F^2_{max}}{2}}$$

$$\overline{F}=\frac{1}{n}\sum_{i=1}^{n}Fi$$

式中：

$\overline{F}$——单项组分评价值 Fi 的平均值；

F_{max}——单项组分评价分值 Fi 中的最大值；

n——项数。

单项组分评价值 Fi 按下式计算：

$$Fi=\frac{F_x}{F_b}$$

式中：

Fx——某因子实测值；

Fb——某因子《地下水质量标准》Ⅲ类水水质标准值。

根据水质单项因子对照表3–2评价水质综合指数 F 值，根据水质综合指数 F 值，按表3–3划分地下水水质级别。

表 3–2　单项组分评价分值对照表

类别	Ⅰ	Ⅱ	Ⅲ	Ⅳ	Ⅴ
Fi	0	1	3	6	10

表 3–3　地下水水质级别表

级别	优良水	良好水	较好水	较差水	极差水
F	<0.8	0.8~<2.5	2.5~<4.25	4.25~≤7.2	>7.2

地下水质量评价，根据水质级别和溶解性总固体、氟化物含量综合评价（见表 3–4）。

表 3–4　地下水质量综合评价分级表

地下水质量综合评价分级		地下水质分级	溶解性总固体(g/L)	氟化物(mg/L)
Ⅰ级	可供饮用的地下水	优良水 良好水	<1	<1
Ⅱ级	适当处理可供饮用的地下水	较好水	1~2	>1 或<1
Ⅲ级	可供工农业利用的地下水	较差水	2~3	
Ⅳ级	不可直接利用的地下水	极差水	>3	

（2）水质评价

①潜水（第Ⅰ含水岩组）

根据地下水质量级别结合溶解性总固体、氟化物含量综合评价，本区潜水（第Ⅰ含水岩组）可分为四级见图 3–4。

Ⅰ级：可供饮用的地下水。

主要分布在石嘴山盆地与石嘴山市大武口区九泉村至石嘴山市平罗县崇岗镇，该区地下水水位埋藏较深，受人为因素影响小，为地下水径流区。地下水温在 12~14℃，地下水水质级别小于 2.5，为良好水。

Ⅱ级：适当处理可供饮用的地下水。

分布在黄河平原大部分地区，主要是一般化学指标超出生活饮用水标准，其中包括氯化物、总硬度、铁离子，地下水质级别是

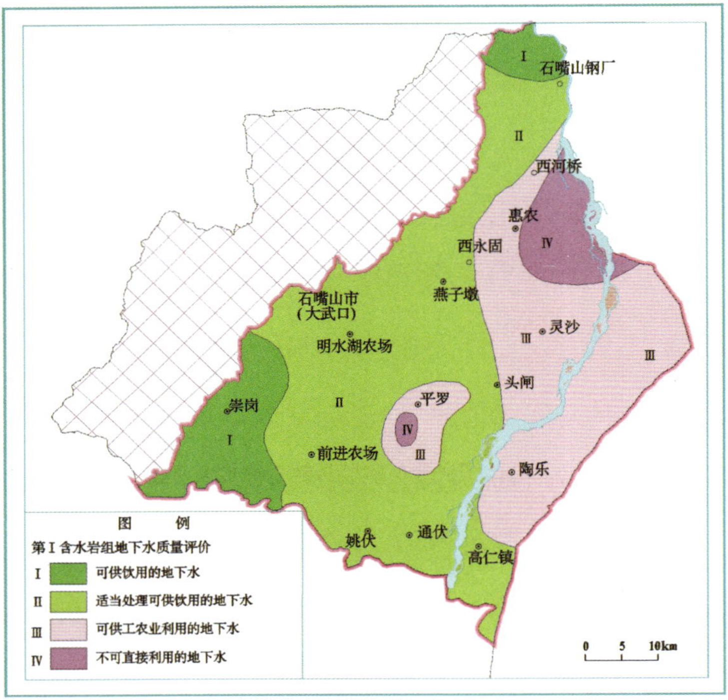

图 3-4 第Ⅰ含水岩组水质分区图

0.25~4.24，为较好水。

Ⅲ级：可供工农业利用的地下水。

主要分布在石嘴山市平罗县宝丰镇—石嘴山市平罗县灵沙乡、黄河以东的石嘴山市平罗县红崖子乡—石嘴山市平罗县，主要是一般化学指标超标，其中有硫酸盐、氯化物、总硬度、铁离子；黄河以东地区主要是氟化物超标。地下水质级别 4.25~7.2，为较差水。

Ⅳ级：不可直接利用的地下水。

主要分布在惠农区园艺场以南—惠农区礼和乡以北地区，一般化学指标中总硬度、铁离子、氯化物、硫酸盐、溶解性总固体超标。地下水质级别大于 7.2，为极差水。

②第Ⅱ含水岩组

根据地下水质量级别结合溶解性总固体、氟化物含量进行综合评价，本区第Ⅱ含水岩组可分为四级见图 3–5。

图 3–5　第Ⅱ含水岩组水质分区图

Ⅰ级：可供饮用的地下水。

主要分布在大武口地区与平罗县崇岗镇以东、沙湖以西地区，地下水水质级别小于 2.5，为良好水。

Ⅱ级：适当处理可供饮用的地下水。

分布在燕子墩—胜利村以南地区，一般化学指标中硫酸盐、氯化物、铁离子超标，少部分的总硬度、溶解性总固体超标，地下水质级别为 0.25~4.24，为较好水。

Ⅲ级：可供工农业利用的地下水。

主要分布在黄河平原北部的石嘴山市惠农区燕子墩乡汪家庄—石嘴山市平罗县宝丰镇—平罗县灵沙乡、南部的平罗县姚伏镇、黄河东部的平罗县红崖子乡施家台子村，一般化学指标中硫酸盐、氯化物、总硬度、铁离子超标，黄河以东地区主要是氟化物超标。地下水质级别为 4.25~7.2，为较差水。

Ⅳ级：不可直接利用的地下水。

主要分布在惠农区园艺场以南、惠农区礼和乡以北地区，一般化学指标中总硬度、铁离子、氯化物、硫酸盐、溶解性总固体超标。地下水质级别大于 7.2，为极差水。

③第Ⅲ含水岩组

根据地下水质量级别结合溶解性总固体、氟化物含量进行综合评价，本区第Ⅲ含水岩组可分为四级见图 3-6。

第Ⅲ含水岩组与第Ⅱ含水岩组分布特征及一般化学指标超标因子基本一致，其分布特征：Ⅰ级水分布在平罗西南部的常青地区。Ⅱ级水主要分布在惠农区燕子墩乡—平罗县姚伏镇一带。Ⅲ级水广布在惠农区园艺场—平罗县宝丰镇一带和黄河东部的高仁地区。Ⅳ级水分布在惠农区的灵沙地区，主要超标项目为氯化物、硫酸盐、铁离子、总硬度。

2. 一般锅炉用水水质评价

根据一般锅炉用水水质评价指标，从地下水的成垢作用、起泡作用及腐蚀作用对研究工作区地下水进行评价。

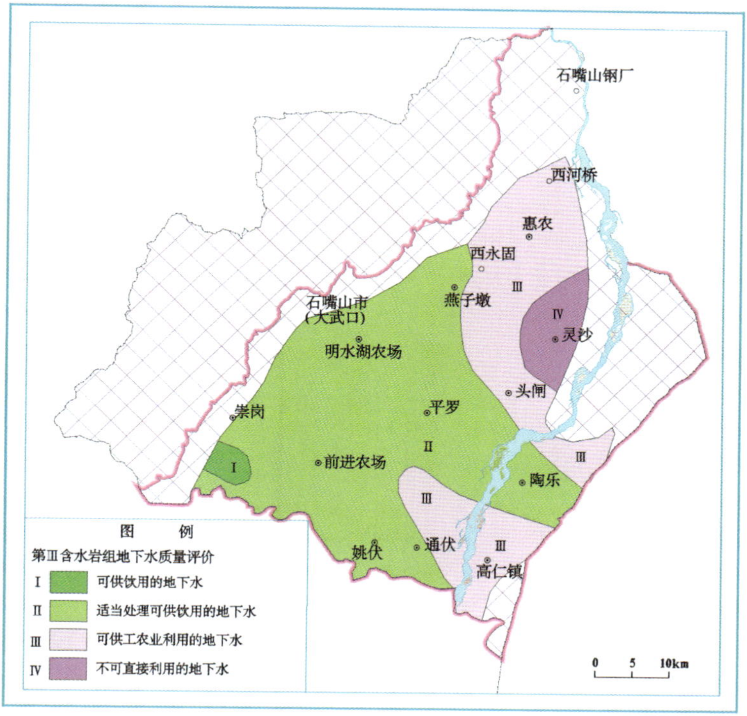

图 3-6　第Ⅲ含水岩组水质分区图

(1) 锅炉用水评价指标及方法

一般锅炉用水水质评价指标见表 3-5。

表 3-5　一般锅炉用水水质评价指标

成垢作用				起泡作用		腐蚀作用	
锅垢总量(Ho)		硬垢系数(Kn)		按起泡系数(F)		按腐蚀系数(Kk)	
指标	水质类型	指　标	水质类型	指　标	水质类型	指　标	水质类型
<125	锅垢很少的水	<0.25	软垢质的水	<60	不起泡的水	>0	腐蚀性水

续表

成垢作用				起泡作用		腐蚀作用	
锅垢总量(Ho)		硬垢系数(Kn)		按起泡系数(F)		按腐蚀系数(Kk)	
指标	水质类型	指 标	水质类型	指 标	水质类型	指 标	水质类型
125~<250	锅垢少的水	0.25~0.5	软—硬垢质的水	60~200	半起泡的水	<0 但 $K_k+0.0503Ca^{2}+$ >0	半腐蚀性水
250~500	锅垢多的水	>0.5	硬垢质的水	>200	起泡的水	<0 但 $K_k+0.0503Ca^{2}+$ <0	非腐蚀性水
>500	锅垢很多的水						

①成垢作用

通过水垢系数值的计算，对生成沉淀物性质进行分类后予以量化和评价。

计算公式：

$$H_0=S+C+36rFe^{2+}+17rAI^{3+}+20rMg^{2+}+59rCa^{2+}$$

$$Hn=SiO_2+20rMg^{2+}+68\ (rCI^{-}+rSO4^{2-}-rNa^{+}-rK^{+})$$

$$K_n=\frac{H_n}{H_o}$$

式中：

K_n——硬垢系数；

H_0——锅垢总重量（mg/L）；

H_n——硬垢重量（mg/L）；

S——水中悬浮物含量（mg/L）；

C——水中胶体含量（mg/L）；

SiO_2——二氧化硅含量（mg/L）；

rFe^{2+}、rMg^{2+}、rCa^{2+}……各种离子的物质的量浓度（mmol/L）。

②起泡作用

采用起泡系数 F 评价。

计算公式如下：

$$F=62rNa^{+}+78rK^{+}$$

式中：

F——起泡系数；

rNa^{+}、rK^{+} 的物质的量浓度(mmol/L)。

③腐蚀作用

水的腐蚀性按腐蚀系数（K_K）进行定量评价。

对酸性水：

$$K_K=1.008\ (rH^{+}+rAl^{3+}+rFe^{2+}+rMg^{2+}-rCO_3^{2-}-rHCO_3^{-})$$

对碱性水：

$$K_K=1.008\ (rMg^{2+}-rHCO_3^{-})$$

式中：

K_K——腐蚀系数；

rFe^{2+}、rMg^{2+}……各种离子的物质的量浓度（mmol/L)。

（2）锅炉用水水质评价

根据锅炉用水水质评价标准，对研究区内各含水层进行水质类型分层评价。

①潜水（第 I 含水岩组）

根据以上各式，对研究区内潜水（第 I 含水岩组）地下水的锅垢总量、硬垢系数、起泡作用及腐蚀作用进行综合评价（见表 3–6、图 3–7)。

表 3-6　一般锅炉用水水质评价

分区		项目					
		锅炉总量（H_0）	硬垢系数（K_n）	起泡作用（F）	腐蚀作用（K_K）	水质类型	水质评价
I_1	区间	99.2~242.5	-2.86~0.49	36.7~299.8	-8.42~-1.31	锅垢少的，软垢质的，半起泡的，非腐蚀性水	适合锅炉用水
	均值	104.48	-0.062	133.61	-1.58		
I_2	区间	175.3~365.9	-0.71~0.63	92.7~970.8	-4.05~-0.31	锅垢少的或多的，软硬垢质的，半起泡或起泡的，非腐蚀性水	基本适合锅炉用水
	均值	269.81	0.302	499.51	-2.41		
I_3	区间	318.7~691.7	0.54~1.50	154.1~2318.2	-3.11~1.10	锅垢多的，硬垢质的，起泡的，非腐蚀性水	不太适合锅炉用水
	均值	470.21	0.86	1111.25	-1.34		
I_4	区间	474.6~3394.5	1.10~5.28	313.7~8070.5	0.17~26.51	锅垢多或很多的，硬垢质的，起泡的，腐蚀性水	不适合锅炉用水
	均值	1128.44	1.755	4631.98	13.36		

I_1区：适合锅炉用水。

主要分布于石嘴山盆地与贺兰山前洪积倾斜平原区，地下水主要为锅垢很少的或少的，软垢质的或软硬垢质的，不起泡或半起泡的，非腐蚀性水。

I_2区：基本适合锅炉用水。

主要分布于黄河平原的西部与南部的简泉农场—前进农场地区，地下水主要为锅垢少的或锅垢多的，软硬垢质或硬垢质的，半起泡或起泡的，非腐蚀性水。

I_3区：不太适合锅炉用水。

主要分布于黄河平原中西部，地下水主要为锅垢多的，硬垢质或软硬垢质的，起泡的，非腐蚀性水。

图 3–7　潜水锅炉用水水质评价分区图

Ⅰ$_4$区：不适合锅炉用水。

主要分布于黄河平原中东部的惠农区西河桥村—惠农区燕子墩乡西永固村—平罗县高庄乡—平罗县宝丰镇地区，地下水主要为锅垢多或很多的，硬垢质的，起泡的，腐蚀性水。

②第Ⅱ含水岩组

根据地下水的锅垢总量、硬垢系数、起泡作用及腐蚀作用评价指标，综合评价结果见表 3–7、图 3–8。

表 3–7 一般锅炉用水水质评价

分区		项目					
		锅炉总量 (H_0)	硬垢系数 (K_n)	起泡作用 (F)	腐蚀作用 (K_K)	水质类型	水质评价
Ⅱ₁	区间	62.5~199.43	–2.05~0.41	58.5~211.6	–5.21~–0.96	锅垢少的，软垢质的，半起泡的，非腐蚀性水	适合锅炉用水
	均值	94.67	–0.17	97.35	–1.70		
Ⅱ₂	区间	73.6~245.2	–7.03~0.39	3040~15549	–7.77~–1.21	锅垢少的，软硬垢质的，起泡的，非腐蚀性水	基本适合锅炉用水
	均值	126.3	–1.55	635.67	–3.56		
Ⅱ₃	区间	168.7~415.7	0.5~1.71	1821~12889	–0.25~1.42	锅垢多的，硬垢质的，起泡的，非腐蚀性水	不太适合锅炉用水
	均值	262.27	0.94	617.17	–0.93		
Ⅱ₄	区间	212.6~2214.1	0.54~3.33	195.4~5209.5	–2.22~9.59	锅垢多或很多的，硬垢质的，起泡的，腐蚀性水	不适合锅炉用水
	均值	522.40	1.35	1817.96	3.64		

图 3–8 第Ⅱ含水岩组锅炉用水水质评价分区图

Ⅱ$_1$ 区：适合锅炉用水。

主要分布于黄河平原西南部的大武口区明水湖农场—平罗县崇岗镇地区，地下水主要为锅垢很少、锅垢少的，软垢质、软硬垢质的，不起泡、半起泡的，非腐蚀性水。

Ⅱ$_2$ 区：基本适合锅炉用水。

主要分布于黄河平原中南部的平罗县高庄乡—平罗县姚伏镇地区，地下水主要为锅垢很少、锅垢少的，软垢质、软硬垢质的，起泡的，非腐蚀性水。

Ⅱ$_3$ 区：不太适合锅炉用水。

主要分布于平原中部，分布面积较小，地下水主要为锅垢少的、锅垢多的，硬垢质的，起泡、半起泡的，非腐蚀性水。

Ⅱ$_4$ 区：主要分布于平原区中北部的惠农区西河桥村—惠农区燕子墩乡西永固村—平罗县灵沙乡地区，地下水主要为锅垢多的、锅垢很多的，硬垢质的，起泡的，腐蚀性水。

③第Ⅲ含水岩组

第Ⅲ含水岩组与第Ⅱ含水岩组水质特征与分布规律基本相似，综合评价结果见表 3–8、图 3–9。

表 3–8　一般锅炉用水水质评价

分区		项目					
		锅炉总量（H_0）	硬垢系数（K_n）	起泡作用（F）	腐蚀作用（K_K）	水质类型	水质评价
Ⅲ$_1$	区间	54.4~174.5	−0.54~0.25	50.1~157.9	−3.28~−1.92	锅垢少的，软垢质的，半起泡的，非腐蚀性水	适合锅炉用水
	均值	145.50	−0.15	108.53	−2.19		
Ⅲ$_2$	区间	41.1~246.8	−5.17~0.22	302.6~1482.9	−5.71~−2.51	锅垢少的，软垢质的，起泡的，非腐蚀性水	基本适合锅炉用水
	均值	130.82	−1.85	759.10	−3.63		

续表

分区		项目					
		锅炉总量（H_0）	硬垢系数（K_n）	起泡作用（F）	腐蚀作用（K_K）	水质类型	水质评价
Ⅲ$_3$	区间	170.8~453.4	0.21~1.34	325.7~891.4	−0.22~1.36	锅垢多的，硬垢质的，起泡的，非腐蚀性水	不太适合锅炉用水
	均值	251.08	0.86	652.85	−0.59		
Ⅲ$_4$	区间	258.6~837.9	1.05~2.15	347.8~4266.6	0.03~15.57	锅垢多的或很多的，硬垢质的，起泡的，腐蚀性水	不适合锅炉用水
	均值	548.47	1.47	1677.23	5.13		

图 3-9 第Ⅲ含水岩组锅炉用水水质分区图

Ⅲ$_1$区：适合锅炉用水。

主要分布于黄河平原西南部的大武口区平罗县崇岗镇—平罗县前进农场地区，地下水主要为锅垢很少、锅垢少的，软垢质的，不起泡、半起泡的，非腐蚀性水。

Ⅲ$_2$区：基本适合锅炉用水。

主要分布于黄河平原中南部的大武口区明水湖农场—平罗县六中地区，地下水主要为锅垢很少的、锅垢少的，软垢质的，起泡的，非腐蚀性水。

Ⅲ$_3$区：不太适合锅炉用水。

主要分布于黄河平原中部的惠农区简泉农场—平罗县高庄乡地区，地下水主要为锅垢少的、锅垢多的，软硬垢质、硬垢质的，起泡的，非腐蚀性水。

Ⅲ$_4$区：不适合锅炉用水。

主要分布于黄河平原中北部的西河桥—惠农区西永固村—平罗县灵沙乡地区及黄河东部，地下水主要为锅垢多的、锅垢很多的，硬垢质的，起泡的，腐蚀性水。

从一般锅炉用水水质综合评价总体看，研究区西南部第Ⅰ、第Ⅱ、第Ⅲ含水岩组水质普遍较好，均适合于锅炉用水，研究区东北部第Ⅰ、第Ⅱ、第Ⅲ含水岩组水质均较差，不适合锅炉用水。

3. 农田灌溉用水水质评价

地下水中含有不同的盐类，有的是农作物生长必需的营养成分，有的则为过量的有害盐类，过量的有害盐类直接影响作物生长及土壤理化性质的改变。农田灌溉水质评价一般要考虑地下水水温、pH、含盐量及盐分组成。

农田灌溉水质评价采用灌溉系数分级，以灌溉系数、溶解性总固体、盐度、碱度作为分类指标，按不同类别进行水质评价。

(1) 灌溉用水评价指标及计算方法

①灌溉系数

当 $rNa^+<rCL^-$，有 NaCL 存在量：$Ka=\frac{288}{5rCL^-}$

当 $rCL^-<rNa^+<rCL^-+rSO^{2-}$，有 NaCL 及 Na_2SO_4 存在时：$Ka=\frac{288}{rNa^++4rCL^-}$

当 $rCL^-+rSO^{2-}<rNa^+$，有 NaCL、Na_2SO_4 及 Na_2CO_3 存在时：

$$Ka=\frac{288}{10rNa^+-5rCL^--9rSO_4^{2-}}$$

式中：

Ka——灌溉系数；

rNa^+、rCL^-、rSO^{2-}……各种离子的物质的量浓度（mmol/l）。

②综合危害

综合危害指地下水中各种盐类的总含量，用溶解性总固体表示。

③盐度

地下水的盐害程度用盐度表示，液态下的氯化钠和硫酸钠是最大危害含量。

当 $rCL^-+rSO^{2-}<rNa^+$ 时，盐度 $=rCL^-+rSO^{2-}$

当 $rNa^+<rCL^-+rSO^{2-}$ 时，盐度 $=rNa^+$

④碱度

地下水的碱害程度用碱度表示，液态下的碳酸钠和重碳酸钠是最大危害因素。

碱度 =（$rHCO_3^-+rCO_3^{2-}$）—（$rCa^{2+}+rMg^{2+}$）碱度为负值时盐度则起主导作用。

分类评价指标见表 3–9、表 3–10。

表 3-9　灌溉系数分级评价标准

灌溉系数分级 Ka	水质评价标准
>18	完全适合于灌溉的水
6~18	基本适合于灌溉；在排水条件好时可以灌溉，否则要采取措施，以免盐分积累
1.2~<6	不太适合于灌溉；但在加强排水条件下，可以作灌溉用水
<1.2	不适合于直接作灌溉水水源

表 3-10　农田灌溉用水水质评价指标

危害类型及表示方法		水质类型			
		淡水	中等水	盐碱水	重盐碱水
盐害/($mmol \cdot L^{-1}$)	碱度为零时盐度	<15	15~<25	25~40	>40
碱害/($mmol \cdot L^{-1}$)	盐度小于 10 时碱度	<4	4~<8	8~12	>12
综合危害/($g \cdot L^{-1}$)	溶解性总固体	<2	2~<3	3~4	>4

(2) 农田灌溉水质评价

根据地下水的灌溉系数、溶解性总固体、盐度和碱度评价指标，进行综合评价，评价结果见表 3-11、图 3-10。

表 3-11　农田灌溉用水水质评价

分区		项目				
		灌溉系数 Ka	溶解性总固体/($g \cdot L^{-1}$)	盐度/($mmol \cdot L^{-1}$)	碱度/($mmol \cdot L^{-1}$)	水质评价
I_1	区间	7.98~114.3	0.24~0.80	0.37~3.54	-9.37~-1.88	完全适合于灌溉的水
	均值	41.86	0.48	2.32	-4.74	
I_2	区间	4.38~14.72	0.75~2.09	2.58~17.62	-14.85~-3.7	基本适合于灌溉的水
	均值	8.61	1.29	11.41	-9.28	
I_3	区间	1.31~5.84	1.22~3.86	14.96~37.96	-26.31~-5.65	不太适合于灌溉的水
	均值	3.25	2.81	27.52	-17.85	
I_4	区间	0.2~1.53	4.25~26.89	43.5~332.77	-112.6~-14.3	不适合于直接灌溉的水
	均值	0.84	9.76	101.65	-40.27	

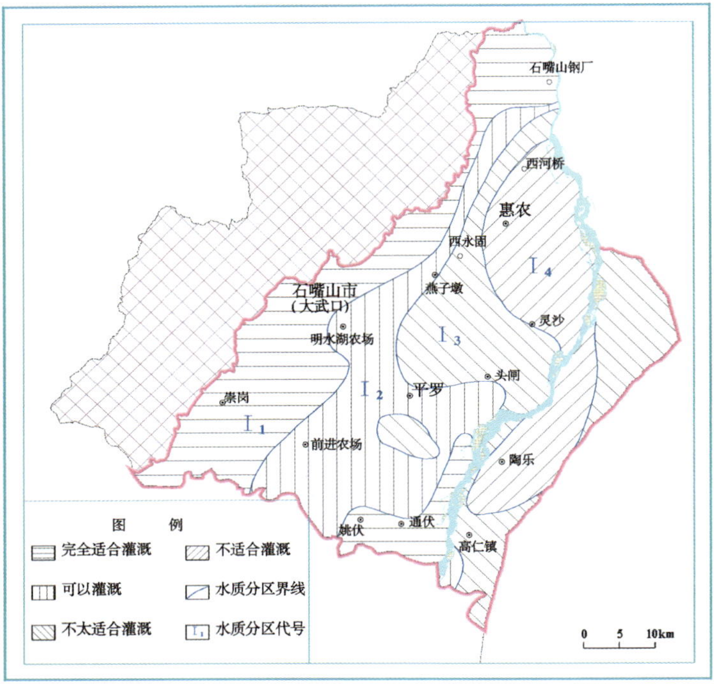

图 3-10 农田灌溉用水水质评价分区图

Ⅰ$_1$区：完全适合于灌溉的水。

主要分布在石嘴山盆地与贺兰山前冲洪积倾斜平原地区，石嘴山盆地地下水温 11~12℃，pH6~8.1；贺兰山前冲洪积平原区地下水温 10~13℃，pH7.5~8.35。使用该地区地下水长期灌溉，对农作物生长和土壤不产生不良影响，地下水属于水质好的淡水，完全适合于农田灌溉。

Ⅰ$_2$区：基本适合于农田灌溉的水。

主要分布在黄河平原中西部的大武口区明水湖农场—平罗县通城

村地区，地下水温 10~12℃，pH7.9~8.15；使用该区地下水进行农田灌溉，在无排水措施或排水不良时，长期灌溉对农作物生长和土壤有一定的影响；但是在有一定排水措施的条件下，注意灌溉方法、合理灌溉，可使农作物生长良好，避免土壤盐渍化。该区地下水属于中等水质，基本适合于农田灌溉用水。

I_3 区：不太适合于农田灌溉的水。

主要分布在黄河平原中部与黄河东部地区，地下水温 10~12℃，pH7.4~8.2；使用该区地下水进行农田灌溉时，必须注意灌溉方法，采取相应的排灌措施，否则会对农作物生长产生不良影响，引起土壤盐渍化。该区地下水属于盐碱水，不太适合于农田灌溉用水。

I_4 区：不适合于直接灌溉的水。

主要分布在黄河平原东北部的惠农区西河桥村—惠农区庙台乡—平罗县灵沙乡等地区，地下水温 11~13.8℃，pH7.5~8.3。使用该区地下水进行农田灌溉时，对农作物有很大的影响，可迅速产生土壤盐渍化，即使在特别干旱时，也尽量避免过量灌溉农田。该区地下水属于重盐碱水，不适合于直接灌溉用水。

第 4 章　水资源开发利用

4.1　地表水资源利用概况

1. 当地地表水

石嘴山市降水稀少，蒸发强烈，当地地表水资源缺乏。根据宁夏回族自治区水资源公报，石嘴山市当地多年年均地表水资源为 0.544 亿 m^3，径流深 13.3 mm，其中大武口地区 0.0597 亿 m^3，惠农区 0.1244 亿 m^3，平罗县 0.3602 亿 m^3，产水模数 1.33 万 $m^3/a\cdot km^2$。

地表水利用量 0.075 亿 m^3，大部分用于湖泊补水，少部分用于绿化及农田灌溉。其中大水沟流域沟口截潜工程，集水面积 140 km^2，目前并入平罗县大水沟水源地供水管网，供水能力 0.5 万 m^3/d，供平罗县城居民生活用水。

2. 研究区内黄河水资源

黄河自石嘴山市平罗县通伏乡团结村流入至惠农区麻黄沟流出全长 98 km，是石嘴山市平原区主要的地表水资源，同时也是农田灌溉的主要水源。灌区建立有较完善的引排水系统，2011 年引、扬黄河水量 11.215 亿 m^3，其中引黄河水量 10.077 亿 m^3，扬黄河水量 1.138 亿 m^3。

根据用水结构：农业用黄河水量 10.743 亿 m^3，占总用水量的

95.2 %，工业用水量 0.498 亿 m^3，占总用水量 4.4 %，城镇生活用水量 0.049 亿 m^3，占 0.4 %。

耗用黄河水量 5.654 亿 m^3，农业耗水量 5.194 亿 m^3，工业耗水量 0.446 亿 m^3，城镇生活耗用水量 0.014 亿 m^3。

4.2　地下水资源利用概况

1. 地下水开采现状

地下水资源是石嘴山市生活、工业以及绿化和工矿农场的主要供水水源，同时也是农业灌溉的补充水源。地下水开发利用主要有集中供水、自备井供水和农村机电井供水。

集中供水是指由自来水厂统一供水，供水水源为经地下水资源勘探评价，由原宁夏回族自治区国土资源厅（今宁夏回族自治区自然资源厅）备案的地下水资源 B 级储量的集中供水水源地。到目前为止，石嘴山市经宁夏回族自治区矿产资源储量评审中心组织审查通过，由原宁夏回族自治区国土资源厅（今宁夏回族自治区自然资源厅）备案的集中供水水源地 11 处，探明地下水资源 B 级储量 33.099 万 m^3/d，即 1.208 亿 m^3。2011 年集中供水水源地开采量 14.43 万 m^3/d，即 0.527 亿 m^3。集中供水水源地基本情况见表 4–1。

表 4–1　已备案集中供水水源地基本情况表

行政区	水源地名称	编号	评价开采量 /(万 $m^3 \cdot d^{-1}$)	开采量 /(万 $m^3 \cdot d^{-1}$)	开采程度/%	勘察完成时间
大武口区	大武口二水源地	1	7.2	4.0	55.6	1998 年 7 月
	石嘴山市工业园区水源地	2	8.0	2.6	32.5	2004 年 7 月
	石炭井矿区水源地	3	1.0	1.0	100.0	1960 年
	小　计		16.2	9.4	53.1	
	柳条沟水源地	4	4.679	1.25	26.7	2010 年 7 月

续表

行政区	水源地名称	编号	评价开采量/(万 $m^3 \cdot d^{-1}$)	开采量/(万 $m^3 \cdot d^{-1}$)	开采程度/%	勘察完成时间
惠农区	石嘴山钢厂水源地	5	3.2	0.96	30.0	1991 年12 月
	红果子水源地	6	1.0	1.0	100.0	1997 年 7 月
	小　计		8.879	3.21	36.2	
平罗县	平罗县城水源地	7	2.0	0.4	20.0	1993 年 4 月
	平罗县城西水源地	8	2.0	0.8	40.0	2006 年 3 月
	平罗县大水沟水源地	9	2.0	0.5	25.0	2007 年
	陶乐高仁镇水源地	10	0.52	0.12	23.1	1998 年 11 月
	汝箕沟沟口水源地	11	1.5	1.8	120.0	1994 年 12 月
	小　计		8.02	1.82	27.9	
合　计			33.099	14.43	43.6	

2011 年石嘴山市用于城镇生活和工业用水的水源井有 404 口，开采量 1.045 亿 m^3，其中供水水源地开采量 0.527 亿 m^3，自备井开采量 0.518 亿 m^3。农村安全饮水井有 37 口，开采量 0.0511 亿 m^3，用于农业灌溉的机电井有 1288 口，开采量 0.189 亿 m^3，地下水开采总量 1.285 亿 m^3（见表 4–2）。

2. 地下水开采程度

（1）集中供水水源地

石嘴山市有经原宁夏回族自治区国土资源厅（今宁夏回族自治区自然资源厅）备案的水源地 11 处，地下水储量（B 级）1.208 亿 m^3，目前开采量 0.527 亿 m^3，占水源地总开采量的 43.6 %。各水源地开采程度见表 4–2、图 4–1。

从石嘴山市各水源地开采程度看，分布在各区（县）11 个水源地中有 5 个水源地开采程度小于 30 %，占总水源地的 45.5 %（其中平罗县城水源地，由于城市发展占据了水源地部分面积，使得水源地供水能力减弱，开采程度只有 20 %）。开采程度达到 100 %的有 2 个水源地，占总水源地的 18.2 %。超采水源地 1 个，汝箕沟沟口水源地，开采程度达到 120 %；其余水源地开采程度在 32.5 %~55.6 %。

表 4–2　地下水开采量统计表

行政区	项目					
	水源井		安全饮水井		农村机电井	
	井数/口	开采量/(万 $m^3 \cdot d^{-1}$)	井数/口	开采量/(万 $m^3 \cdot d^{-1}$)	井数/口	开采量/(万 $m^3 \cdot d^{-1}$)
大武口区	149	12.563	5	0.20	62	2.21
惠农区	93	10.715	7	0.46	385	2.62
平罗县	162	5.347	25	0.74	841	0.35
合　计	404	28.625	37	1.40	1288	5.18

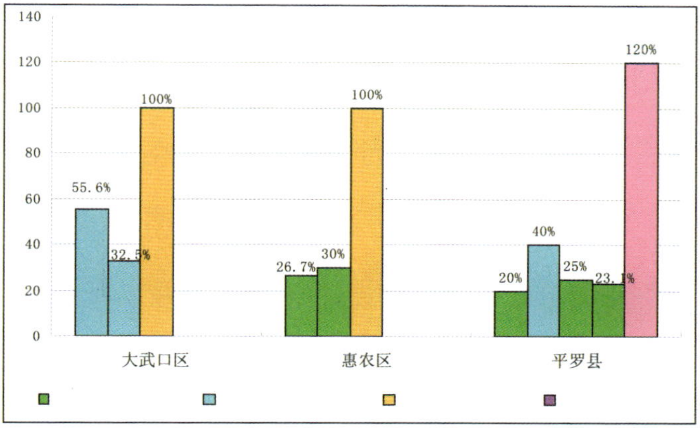

图 4–1　石嘴山市地下水源地开采程度直方图

(2) 各区（县）地下水开采程度

石嘴山市地下水可开采资源量 4.3857 亿 m^3，其中溶解性总固体小于 1 g/L 淡水资源量 2.9839 亿 m^3，1~3 g/L 微咸水资源量 1.0019 亿 m^3，两者之和3.9858亿m^3（地下水开采资源量只计算溶解性总固体小于3 g/L）。2011年地下水开采1.285亿m^3，开采程度32.2 %。石嘴山市目前主要开采地下水溶解性总固体小于3 g/L的淡水和微咸水用于生产、生活和农田补充灌溉。

从石嘴山市各区（县）看，大武口区地下水开采量比较大，开采程度达到92.5 %，平罗县开采程度只有9.6 %。各区（县）地下水开采程度见表4–3、图4–2。

表4–3　各区、县地下水开采程度表

行政区	开采资源量/（亿$m^3·a^{-1}$）			开采量/（亿$m^3·a^{-1}$）	开采程度/%
	总　量	溶解性总固体			
		<1g/L	1~3g/L		
大武口区	0.5911	0.5811	0.0100	0.5465	92.5
惠农区	0.9369	0.7079	0.2290	0.5035	53.7
平罗县	2.4578	1.6949	0.7629	0.2350	9.6
合　计	3.9858	2.9839	1.0019	1.2850	32.6

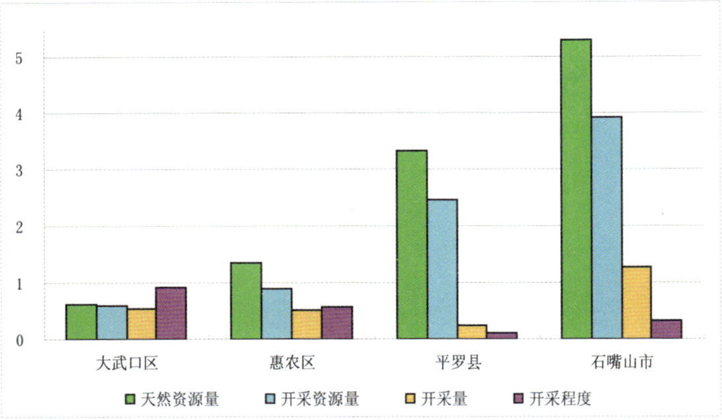

图4–2　石嘴山市地下水资源开发利用直方图

3. 地下水利用情况

石嘴山市是一座新型工业城市，工业一直在全区经济发展中居于领先地位，自石嘴山市成立以来，地下水资源是其工业发展，人口聚集的重要支撑。从整体看，地下水开发主要用于工业，2011 年石嘴山市地下水开采量是 1.285 亿 m^3，其中工业用水 0.872 亿 m^3，占总用水量的 67.8 %；生活用水 0.224 亿 m^3，占总用水量的 17.5 %（其中城镇生活用水 0.173 亿 m^3，占总用水量的 13.5 %，农村生活用水 0.051 亿 m^3，占总用水量的 4.0 %）；农业用水 0.189 亿 m^3，占总用水量的 14.7 %，农业用水主要是开采 90 m以上浅层地下水，作为农业补充灌溉。各行业用水量见表 4-4、图 4-3，各行业用水量占总用水量的比例见图 4-4。

表 4-4　各行业用地下水量统计

分　项	总　量	工　业	农　业	城镇生活	农村生活
用水量/(亿 $m^3 \cdot a^{-1}$)	1.285	0.872	0.189	0.173	0.051

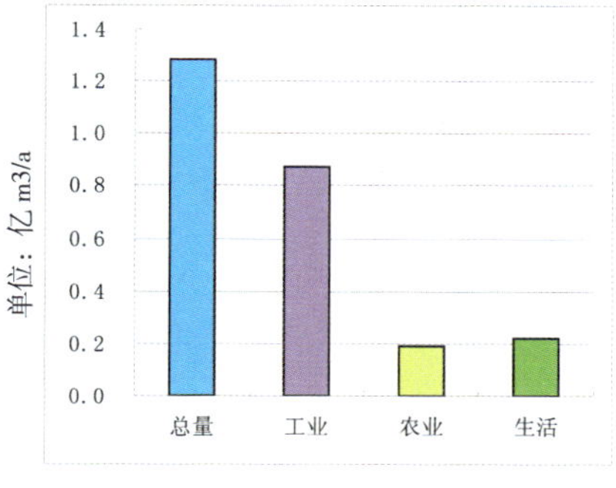

图 4-3　地下水用水情况直方图

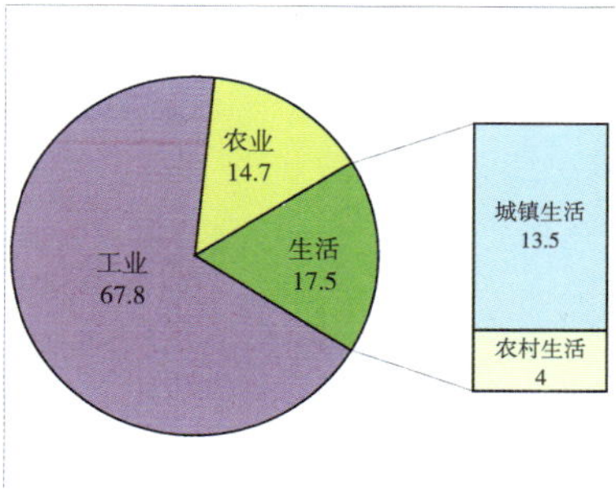

图 4-4　地下水利用情况百分比示意图

4.3 地下水资源区划

地下水资源区划是在查明地质、水文地质条件及地下水资源评价工作的基础上，根据石嘴山市地下水资源条件，从水资源的保护和可持续利用角度，充分考虑水资源特征、水质、开发利用方向，将石嘴山市地下水划分为水资源涵养区、城镇生活—工业供水地下水开采区、开发雨洪水—地下水生态保护区、湿地保护区、井渠灌溉区、改水区六个大区，五个亚区见表 4–5。

表 4–5 地下水资源开发利用区划表

区划分区				主要特征	区划方向
区	代号	亚区	代号		
贺兰山地下水资源涵养区	Ⅰ			贺兰山区地下水主要为基岩裂隙水，由降水补给，水质多为淡水，通过沟谷潜流和侧向径流补给平原地下水	禁止开采地下水，种草种树，涵养水源
城镇生活—工业供水地下水开采区	Ⅱ	贺兰山前洪积平原亚区	$Ⅱ_1$	地下水类型属第四系松散岩类单一潜水区，含水层富水性强，水质良好，易于开采	城市生活和工业需优质水供水水源
		石嘴山盆地亚区	$Ⅱ_2$	地下水类型属第四系松散岩类单一潜水区，含水层厚度大，水质好、富水性强	城市生活和工业需优质水供水水源
		燕子墩—姚伏引扬黄灌区亚区	$Ⅱ_3$	含水岩组为潜水—承压水多层结构区，承压水含水岩组，富水性强，水质较好，不易受污染，开采程度较低	适宜建设集中供水水源地，作为城市生活和工业用水水源
开发雨洪水—地下水生态保护区	Ⅲ	石嘴山台地亚区	$Ⅲ_1$	地下水为第三系碎屑岩类孔隙裂隙水，水质、水量变化大	充分利用当地雨洪水资源植树造林，改善生态环境
		陶乐台地亚区	$Ⅲ_2$	地表多风沙，含水层为第三系碎屑岩类孔隙裂隙水，富水性弱，水质较差	开发雨洪水和地下水，种树种草、改善生态环境

续表

区划分区				主要特征	区划方向
区	代号	亚区	代号		
湿地保护区	Ⅳ			沿黄区地下水位埋深多小于 1m，靠近黄河地带多为湖泊、湿地	加强湖泊、湿地保护和研究工作，防止湖泊、湿地萎缩
井渠灌溉区	Ⅴ			下营子—宝丰—灵沙区既有单一潜水又有潜水—承压水多层结构，地下水溶解性总固体多为 3~6g/L	采用渠灌为主，井渠结合的灌溉方式，防治土壤盐渍化
改水区	Ⅵ			西河桥—石嘴山农牧场区处于地下水排泄区，地下水溶解性总固体多大于 6g/L，个别地区高达 10g/L 以上	改水、治水，解决人畜安全饮水问题

1. 贺兰山地下水资源涵养区（Ⅰ）

石嘴山市贺兰山地下水资源涵养区位于贺兰山北段，山高谷深，相对高差一般 700~1000 m。山区降水量明显大于平原，年降水量 200~300 mm，降水多集中在 6~9 月份，降水形成洪水顺沟谷流泄到贺兰山前倾斜平原多渗入地下，补给地下水。贺兰山区地下水主要为基岩裂隙水，由降水补给，水质多为淡水，通过沟谷潜流和侧向径流补给平原地下水。贺兰山区地表水和地下水是平原区地下水主要补给来源之一。应禁止开采地下水，加强水土保持工作，种草种树，涵养水源。

2. 城镇生活—工业供水地下水开采区（Ⅱ）

（1）贺兰山前洪积平原亚区（$Ⅱ_1$）

沿贺兰山前呈带状分布，由贺兰山前单一潜水向东逐渐过渡为潜水—承压水多层结构，含水层富水性强，单井涌水量 1500~5000 m^3/d，水质良好，易于开采，是良好的供水水源，地下水开采资源 0.31 亿 m^3。红果子、大武口、崇岗等地供水主要开采该地区地下水，在大武口沟洪积扇、大小风沟洪积扇已形成降落漏斗，局部地区超采，今后应减少漏斗区的开采量，保护水资源。该地区水质优良，应作为城市生活供水和需要优质水的工业供水水源，农业用水尽可能利用地表水。

(2) 石嘴山盆地亚区（$Ⅱ_2$）

石嘴山盆地位于石嘴山市北端，是一个第四系小型封闭盆地，地下水类型为第四系松散岩类孔隙单一潜水区，补给来源主要为贺兰山区侧向径流补给和雨洪水渗漏补给，水质好，多为淡水，地下水开采资源量是 0.29 亿 m^3。由于受多年开采影响，已在石嘴山钢厂地区形成地下水降落漏斗。盆地内地下水水质好、富水性强、开采方便，应作为城市生活用水和需优质水的工业供水水源，今后要控制漏斗区及盆地内地下水开采量，做好地下水的保护工作，防止地下水污染。

(3) 燕子墩—姚伏引、扬黄灌区亚区（$Ⅱ_3$）

该地区为石嘴山市黄河冲湖积平原区，含水岩组为潜水—承压水多层结构区，地下水资源丰富，开采程度较低。承压水含水层岩性多为细砂、粉细砂，顶板埋深 50~70 m，单井涌水量 1000~3000 m^3/d，水质较好，不易受污染。适宜建设集中供水水源地，作为城市生活和工业用水水源。已建成的水源地有大武口二水源地、大武口工业园区水源地、平罗县城水源地、平罗县城西水源地、陶乐水源地，规划建设平罗小教场水源地、平罗县头闸水源地、平罗县镇朔水源地和惠农区燕子墩水源地。潜水含水层厚 20~30 m，单井涌水量 1000~2000 m^3/d，水质较复杂，局部地区水质较好，溶解性总固体小于 3 g/L，可作为分质供水水源，规划建设平罗县六中水源地。潜水是承压水的主要补给来源，应加以保护。该区有唐徕渠、惠农渠，自流灌溉非常方便，农田灌溉主要用黄河水。在承压水水源地影响范围外围，可适当开采潜水用于农田灌溉，采用渠灌为主，井渠结合，既可充分利用水资源，又可达到治理盐渍化土壤的目的。

3. 开发雨洪水、地下水生态保护区（Ⅲ）

（1）石嘴山台地亚区（$Ⅲ_1$）

该区是惠农区市政府所在地，当地地下水资源匮乏，自然景观荒凉。地下水为第三系碎屑岩类孔隙裂隙水，上覆第四系含水层与第三系含水层，水质、水量变化都很大。应充分利用当地雨洪水资源植树造林，改善生态环境。

（2）陶乐台地亚区（$Ⅲ_2$）

地表多风沙，第四系厚度不大，第四系下伏含水层为第三系。该区水资源匮乏，植被稀疏，十分荒凉。应开发雨洪水和地下水，种树种草、防沙治沙，利用一切可利用的水资源，培育植被，改善生态环境。

4. 湿地保护区（沿黄湿地保护区）（Ⅳ）

主要分布在黄河以西，滨河防洪堤以东。地下水位埋深多小于 1 m，靠近黄河地带多为湖泊、湿地。应加强湖泊、湿地保护和研究工作，防止湖泊、湿地萎缩。

5. 井渠灌溉区（下营子—宝丰—灵沙区）（Ⅴ）

该地区既有单一潜水又有潜水—承压水多层结构，地下水溶解性总固体多为 3~6 g/L，潜水含水层岩性以细砂为主，含水层厚度一般在 20~50 m，单井涌水量 1000~2000 m^3/d。该区可适当开采地下水作为灌溉用水，采用渠灌为主，井渠结合的灌溉方式，降低地下水位，防治土壤盐渍化。

6. 改水区（西河桥—石嘴山农牧场区）（Ⅵ）

该区处于地下水排泄区，地下水溶解性总固体多大于 6 g/L，个别地区高达 10 g/L 以上，主要超标项目有总硬度、氯化物、硫酸盐、铁离子等，人畜饮用有碍健康，该地区应改水、治水，解决人畜安全饮水问题。

第 5 章　地下水管理与保护

根据地下水资源评价，石嘴山市地下水天然补给资源量是 5.2986 亿 m^3，开采资源量是 3.9858 亿 m^3，其中包括溶解性总固体 1~3 g/L 微咸水。2011 年，石嘴山市地下水开采量是 1.285 亿 m^3，随着石嘴山市成为工业强市，创建西部独具特色山水园林化工业城市的力度不断加大，需水量增长迅速。加强水资源的管理与保护，积极创建节水型社会，对保证水环境的良性循环，促进水资源的合理开发利用具有重要的意义。

5.1　水资源综合管理

5.1.1　加强水资源管理体制

应进一步加强水资源管理工作，健全机构，理顺体系，严格执行有关水资源管理法律、法规，严格依法管水，形成水资源的统一规划管理，统一科学调配，统筹安排，综合利用。

实行跨行政区域的水资源调度，根据石嘴山市经济发展状况，加强各地区之间用水的横向联系，打破行政区及行业间用水界线，兼顾各区（县）及行业利益，实行水资源的统一配置，合理调度。

加强地表水与地下水联合调配，解决好生活用水、工业用水、农业用水之间的矛盾。

合理开发利用水资源，运用系统工程，在综合考虑水资源系统与社会经济基础上，建立可供实际操作调度的水资源管理模式，逐步建立健全科学的水资源管理控制体系。

5.1.2　完善政策法规体系

由于石嘴山市是个因煤而建、因煤而兴的工业城市，先有工矿企业，后有城市。在政策方面应制定有利于节约用水、雨洪利用、污水处理与再生水回用、地表水地下水联合调度与地下水回灌养蓄等方面的政策。

建立和完善水权转换机制。为了大力调整石嘴山市用水结构，提高水资源的利用效率，在宁夏回族自治区水权转换工作的基础上，进一步制定水资源有偿使用制度，实现所有权与使用权分离；在总量控制指标约束下，完成初始水权逐级分配；加强水量的统一调度和计量控制，落实各用水户用水权。

严格控制开采地下水，遏制超采势头，特别是贺兰山前洪积扇地区。坚决执行凿井审批制度，严重超采区不再批准新开机井，原有机井也要控制开采量，并逐步关闭自备机井，在自来水管网达到的地区尽可能采用集中供水。

确立保护水资源的政策。不允许再建设对水环境造成污染的企业，原有企业污水必须达标排放。贺兰山山区及东麓洪积扇上严格限制造成水土流失和生态环境恶化的采矿业发展。确保农业生产安全规范，减少化肥和农药使用量，严禁使用公害农药。水源地要依据规定建立保护区，确保地下水资源不受破坏，不遭污染。

5.1.3　强化节约用水制度

节水是缓解水资源紧缺的重要途径。面对石嘴山市水资源状况，努力提高全社会节水意识，做到取水有计划，节水有措施，逐步建立起一个高效合理用水的节水型社会经济体系。

制定石嘴山市节约用水管理的专项政策，鼓励各厂矿企业在开发利用水资源及节约用水技术方面的研究和创新，鼓励对石嘴山市高矿化水的应用研究和项目引进，进一步加强石嘴山市计划用水管理工作，加强对超计划用水和节约用水的惩罚和奖励力度，全面建设节水型社会。

进一步加强石嘴山市水资源管理和计划用水管理机构建设，让全市各行各业对节约用水管理都能尽一份责任和义务，同时全面建设各工矿企业中的水资源管理和节约用水管理机构，使管理工作能够从上到下统一贯穿，这是建立节水型社会的重要基础。

加强节水宣传力度，增强全民节水意识。要切实把节水宣传工作重视起来，做到有组织、有机构、有规划、有步骤地进行节水宣传工作，让全市群众了解本市水资源状况，了解有关法律、法规，理解节约用水管理工作。

5.2 水资源保护

制定水资源保护管理等配套行政法规。开展城市水资源保护规划编制工作，进一步明确开采区、限采区和禁采区，处理好保护和开发利用的关系。

强化管理手段，统筹安排，合理配置，提倡集中供水，逐步取缔各工矿企业自备井供水局面。特别是供水时间较长、管网漏失率严重和供水设施简陋、环境差的自备井系统，提高水资源的利用率和安全供水程度。

划分水环境功能保护区。根据水体的使用目的对不同功能区的水环境实行分类保护和管理。

实行严格的饮用水水源地保护区制度，对供水水源地按照国家环境保护部于 2007 年 2 月 1 日制定的《饮用水水源保护区划分技术规范》（HJ/T338—2007）及政府职能部门相关规定，建立饮用水水源地保护区。

加强对城市生活污水和工业“三废”排放的监测力度，做好工矿企业污水的达标工作，减少工业污水的排放量。预防地下水水质污染，对地下水做好定期的水质检测。

根据水功能区划分确定排水沟段的纳污能力，提出限制入沟污染物排入总量。由总量控制指标实施排污监督，定期向政府和社会公布排污总量和水域水质状况，实行退水水质监测和退水许可制度。

完善黄河在宁夏石嘴山段及大小排水沟水质监测监控断面，完善排水系统。加强地下水水位、水质监测工作，健全地下水监测机构。建立监测网点，对地下水位和水质的发展变化趋势进行预测。同时做好预报工作，以便及时调整地下水开采量，保证水资源长期开采使用。

5.3　开发利用管理措施

调整产业结构，优化区域生产布局。在农业发展中，不仅要扩大种植面积，还要大力发展以农副产品加工为基础的乡镇企业，不断增加农民收入，使有限的水资源产生更大的综合效益。在工业布局上要充分考虑水资源条件，实行以源定供、以供定需，严格控制高耗水易污染的企业发展，充分发挥经济协作区的互补作用。

调整供水水源结构，实行分质供水。石嘴山市生态环境脆弱，优质水源有限，因此在水资源利用上，应根据工业农业结构对水质的要求，开展分质供水、优水优用。生活用水采用优质地下水，工业用水对水质有特殊要求的企业及食品行业可采用优质地下水，对水质要求不高的冷却水、洗涤用水以及市政、建筑业可利用中水。农业生产可适当开采浅层微咸水，进行农田灌溉。

积极开源，兴建新的水源工程。随着经济发展、人口增长，石嘴山市水资源供需矛盾突出。根据石嘴山市地下水资源开发利用状况，主要有两个勘探方向，其一是加大引黄灌区水源地建设工程，其二是加强惠农区、平罗县等区域深层地下水的勘探，同时，还要加强对地下水开采动态监测工作。

节约用水主要主含以下三个方面：

(1) 农业节水：通过完善田间工程配套，实现渠道防渗衬砌；改进田间灌溉方式，实行畦灌、微灌、滴灌技术；强化管理，逐步建立和实施现代灌区管理制度，制定节水发展农业投入方式，用政策推动节水农业的发展。

(2) 工业节水：通过大力挖潜改造，提高工业用水水平和水的重复利用率。

(3) 居民生活节水：大力推广使用节水型卫生设备和净化水处理装置，同时实行一水多用、循环复用、中水利用。

加强水资源开发和生态环境保护工作。在加大水资源开发的同时，要协调好各部门用水、地表水与地下水、经济发展与水资源条件、水资源开发与环境保护之间的关系。对石嘴山市地下水集中开采区，要调整开采井布局，做到采补平衡，缓解集中开采引起的地下水位持续下降趋势。对土壤盐渍化地区鼓励开采地下水，实行地表水与地下水联合开发。对具有生态效益的地表水体、湖泊、湿地，要加以保护，对城市水域要适当补源，以保证供需平衡。积极开展污水净化处理再利用，实行污水资源化。

建立、健全应急处理组织，制订应急预案。建立应急处理组织，制订应对供水危机措施实施方案。以便应急期做到调度有序，从而不影响正常的生产和生活秩序；争取对应急期用水调度、配水、管理、监督、补偿、奖惩等制订相关方案，使其有章可循，有法可依。如制定详细的应急期用水调度方案，规定应急期的用水定额、每天供水时间、高耗水企业配水方案等，通过这些措施，可以有效地度过水荒。

第6章 结 论

本书在充分利用前人研究成果资料的基础上，以石嘴山地下水资源勘查资料为基础，以地下水系统理论为指导，综合运用水文地质学、水文地球化学、地下水动力学以及相关的数学方法等理论方法，对石嘴山平原区地下水的储存条件、补径排特征、水资源量及水质进行研究，提出水资源区划，指导地下水的合理开发利用，进行地下水资源保护，并取得以下结论：

(1) 对研究区地质构造、地层结构及古河道分布特征进行细致的刻画，对250 m以内地下水赋存条件，含水岩组的富水性、水化学特征进行了详细论述，并了解了分布于250~350 m之间的第Ⅳ含水岩组地下水的水质水量。

(2) 计算得出石嘴山市地下水天然补给资源量是5.2986亿m^3/a，其中，大武口区天然补给资源量是0.6251亿m^3/a，惠农区天然补给资源量是1.3446亿m^3/a，平罗县天然补给资源量是3.3325亿m^3/a。天然补给资源量溶解性总固体小于1 g/L的资源量是2.3749亿m^3/a，占总补给资源量的44.8 %。

地下水天然补给资源计算结果：

①利用水均衡法计算了黄河平原区（包括冲洪积平原、冲湖积平

原、石嘴山盆地）第Ⅰ含水岩组天然补给资源量与排泄量，其中天然补给资源量为4.93亿m^3/a，排泄量为4.97亿m^3/a，均衡差–0.04亿m^3/a，为负均衡，基本处于平衡状态。

②采用补给项相加法计算了贺兰山前洪积平原、石嘴山火车站隆起区地下水天然资源补给量分别是0.3478亿m^3/a、0.0157亿m^3/a。

③利用大气降水入渗法计算了煤山隆起区与陶乐台地地下水天然补给资源量分别是0.0037亿m^3/a、0.0063亿m^3/a。

（3）利用开采条件下水均衡法与平均布井法，分层分质地计算了地下水开采资源量为4.3857亿m^3/a。

（4）地下水资源区划是在查明地质、水文地质条件及地下水资源评价工作的基础上，根据石嘴山市地下水资源条件，从水资源的保护和可持续利用角度，充分考虑水资源特征、水质、开发利用方向，将石嘴山市地下水划分为水资源涵养区、城镇生活—工业供水地下水开采区、开发雨洪水—地下水生态保护区、湿地保护区、井渠灌溉区、改水区六个大区。

（5）在水资源合理开发利用的基础上，提出地下水保护方案及措施，对积极创建节水型社会，保证水环境的良性循环，促进水资源的合理开发利用具有重要的意义。

参考文献

[1] 黄涛，雷玉平，郑力，等.山前平原地下水侧向补给潜力空间变异模拟 [J] .水资源保护，2006，22（4）：16–19.

[2] 周仰效，李文鹏.区域地下水流模拟 [J] .水文地质工程地质，2009，36（1）：1–10.

[3] 吴庆华，王贵玲，蔺文静，等.太行山山前平原地下水补给规律分析——以河北栾城为例 [J] .地质科技情报，2012，31（2）.

[4] 陈旭光，陈德斌，卞予萍，等.天山北麓中段山区地下水对山前平原区侧向补给的探讨 [J] .新疆地质，2003，21（3）：369–370.

[5] 马金珠，李相虎，黄天明，等.石羊河流域水化学演化与地下水补给特征 [J] .资源科学，2005，27（3P）：117–122.

[6] 刘玲，师忱，孙江涛，等.晋西黄土丘陵沟壑区流域特征研究 [J] .干旱区资源与环境，2013（04）：146–152.

[7] 陈梦熊. 地下水资源与地下水系统研究 [J] . 长春地质学院学报，1984，17：51–55.

[8] 徐映雪，邵景力，崔亚莉，等.银川平原地下水流模拟与地下水资源评价 [J] .水文地质工程地质，2015，42（3）：7–12.

[9] 薛禹群，吴吉春.地下水数值模拟在我国———回顾与展望 [J] .水文地质与工程地质，1997，24（4）：21–24.

[10] 王文科，王雁林，段磊，等. 关中盆地地下水环境演化与可再生维持途径 [M] . 郑州：黄河水利出版社，2006.

[11] 郑红星.黄河流域水循环要素变化趋势分析 [J]．自然资源学报，2003，18（2）：129–135.

[12] 王玮．鄂尔多斯白垩系地下水盆地地下水资源可持续性研究 [D]．西安：长安大学，2005.

[13] 王晓娟．银川平原地下水化学成分演化规律及其形成机制研究 [D]．西安：长安大学，2005.

[14] 于艳青.基于同位素技术的银川平原地下水补给与更新性研究 [D].北京：中国地质大学，2005.

[15] 蔡利飘，周娟．银川盆地断裂体系发育特征及其对盆地的控制作用 [J]．油气地球物理，2018，16（2）：53–59.

[16] 王银，杜鹏，雷启云．银川市活断层探测进展概述 [J]．震灾防御技术，2007，2（2）：166–174.

[17] 雷启云，柴炽章，郑文俊，等．钻探揭示的黄河断裂北段活动性和滑动速率 [J]．地震地质，2014，36（2）：465–477.

[18] 张光辉，严名疆，杨丽芝，等．地下水可持续开采量与地下水功能评价的关系 [J]．地质通报，2008，27（6）：875–881.

[19] 吕红，杜占德，王健，等．山东省地下水功能区划初探 [J]．水文，2007，27（3）：75–77.

[20] 唐克旺，杜强．地下水功能区划浅谈 [J]．水资源保护，2004，20（5）：16–19.

[21] 张光辉，申建梅，聂振龙，等.区域地下水功能及可持续利用性评价理论与方法 [J]．水文地质工程地质，2006（4）：62–66.

[22] 乔晓英，王文科，姜桂华，等．西北干旱内陆盆地地下水生态功能的探讨 [J]．水资源保护，2003，21（5）：6–10.

[23] 沈彦俊，宋献方，肖捷颖，等．石家庄地区近 70 年来伴随经济

发展的水文环境变化分析 [J]．自然资源学报，2007，22（1）：51–54.

[24] 封志明，刘登伟. 京津冀地区水资源供需平衡及其水资源承载力 [J]．自然资源学报，2006，21（5）：689–697.

[25] 宋献方，李发东，刘昌明，等. 太行山区水循环及其对华北平原地下水的补给 [J]．自然资源学报，2007，22（3）：398–405.

[26] 宁夏回族自治区水文环境地质勘察院. 石嘴山市地下水资源勘查成果报告. 银川：宁夏回族自治区水文环境地质勘察院，2013.

[27] 宁夏回族自治区水文环境地质勘察院. 宁夏沿黄经济区水文地质环境地质调查成果报告. 银川：宁夏回族自治区水文环境地质勘察院，2015.

[28] 宁夏回族自治区水文环境地质勘察院. 银川平原地下水资源–经济–环境综合效应研究. 银川：宁夏回族自治区水文环境地质勘察院，2007.

[29] 李清河，郭守年，吕德徽.鄂尔多斯西缘与西南缘深部结构与构造 [M]．北京：地震出版社，1999.

[30] 宁夏回族自治区地质局.宁夏回族自治区区域地质志 [M]．北京：地质出版社，2016.

[31] 周特先.宁夏构造地貌.银川：宁夏人民出版社，1994.

[32] 王大纯，张人权，史毅虹. 水文地质学基础 [M]．北京：地质出版社，1995.

[33] 薛禹群，张沈. 华北平原地下水环境演化 [M]．北京：地质出版社，2000.

[34] 王利，王红英，郁冬梅，等.宁夏地下水资源评价 [R]．银川：宁夏地质调查院，2002：53.

[35] 魏礼宁，马如国.宁夏回族自治区水资源调查评价 [M] . 银川：宁夏人民出版社，2005.

[36] 薛禹群.地下水动力学 [M] . 北京：地质出版社，1994.

[37] 张宗祜，沈照理，薛禹群，等.华北平原地下水环境演化 [M] .北京：地质出版社，2001：1–281.